# 推荐系统关键技术的研究

田保军　著

中国水利水电出版社
www.waterpub.com.cn
·北京·

## 内 容 提 要

信息化、智能化技术的快速发展引发了数据爆发式增长，大数据时代的到来也伴随着“信息过载”问题的出现。推荐系统是解决信息过载问题的有效方法，作为现阶段推荐算法当中应用最为广泛的个性化推荐算法之一，协同过滤推荐算法有着该领域内其他推荐算法无法比拟的诸多优点。但是在实际应用场景中，协同过滤推荐算法仍然有较多问题亟须解决。

针对协同过滤推荐算法面对的数据稀疏性问题，本专著分别采用数据填充方法、融合信任的概率矩阵分解模型、融合用户评分信息和项目评论特征的深度学习模型进行分析解决。针对协同过滤推荐算法面对的冷启动问题，本专著分别采用 K-means 聚类算法与基于优化的遗传算法的 K-means 聚类混合算法进行分析解决。针对协同过滤推荐算法面对的扩展性问题，本专著采用基于 Hadoop 平台 MapReduce 分布式计算、HDFS 分布式存储模型进行算法并行化处理。同时，在真实的数据集上通过实验验证上述模型与算法的可行性与有效性。

本专著共分为 6 章，包括推荐系统、数据填充方法、K-means 聚类算法、基于混合算法的推荐系统、基于信任关系的推荐系统和融合多源数据的推荐系统。

本专著可作为推荐系统研究方向高年级本科生和研究生的教材，也可供相关领域的技术人员和科研工作者阅读参考。

图书在版编目（CIP）数据

推荐系统关键技术的研究 / 田保军著. -- 北京 :
中国水利水电出版社, 2021.9
ISBN 978-7-5170-9939-0

Ⅰ. ①推… Ⅱ. ①田… Ⅲ. ①计算机算法－高等学校－教材 Ⅳ. ①TP301.6

中国版本图书馆CIP数据核字(2021)第183878号

策划编辑：石永峰　责任编辑：石永峰　加工编辑：吕　慧　封面设计：梁　燕

| | |
|---|---|
| 书　名 | 推荐系统关键技术的研究<br>TUIJIAN XITONG GUANJIAN JISHU DE YANJIU |
| 作　者 | 田保军　著 |
| 出版发行 | 中国水利水电出版社<br>（北京市海淀区玉渊潭南路 1 号 D 座　100038）<br>网址：www.waterpub.com.cn<br>E-mail：mchannel@263.net（万水）<br>sales@waterpub.com.cn<br>电话：（010）68367658（营销中心）、82562819（万水） |
| 经　售 | 全国各地新华书店和相关出版物销售网点 |
| 排　版 | 北京万水电子信息有限公司 |
| 印　刷 | 三河市华晨印务有限公司 |
| 规　格 | 170mm×240mm　16 开本　8.75 印张　132 千字 |
| 版　次 | 2021 年 9 月第 1 版　2021 年 9 月第 1 次印刷 |
| 定　价 | 59.80 元 |

# 前　　言

随着互联网、物联网、社交网络、云计算和人工智能技术等的快速发展，人们在享受信息技术带来快捷性和方便性的同时，如何从海量的数据中精准检索到用户需要的内容成为亟须解决的问题。基于此需求，旨在为不同用户推送个性化服务或产品的推荐系统应运而生。推荐系统作为一种信息过滤的重要手段，是当前解决信息过载问题最有效的方法。推荐系统已应用到各个方面，如电子商务领域、新闻推荐领域、音乐推荐领域、电影推荐领域、视频推荐领域、社交推荐领域等。

作为现阶段推荐方法中应用最为广泛的个性化算法之一，协同过滤推荐技术在实际应用时也面临着一些迫切需要解决的问题。因此，推荐系统关键技术的研究具有重要的理论与现实意义。

本专著主要依托于内蒙古自治区自然科学基金项目“云计算下基于数据挖掘的协同过滤算法优化研究”（项目编号：2015MS0613）、“融合多源数据基于深度学习的推荐方法研究”（项目编号：2019MS06024）以及呼和浩特市科技计划项目（项目编号：2021-合-3）的部分科研成果，并结合作者近十年在推荐系统领域的科学研究成果而成。

本专著共分为 6 章，包括推荐系统、数据填充方法、*K*-means 聚类算法、基于混合算法的推荐系统、基于信任关系的推荐系统和融合多源数据的推荐系统。

本专著由内蒙古工业大学田保军副教授策划、编写和定稿，由内蒙古工业大学房建东教授审阅。

由于作者水平有限，书中难免存在不足之处，恳请广大师生、读者和同行专家批评指正。

作　者

2021 年 6 月

# 目　录

# 第 1 章　推荐系统

## 1.1　什么是推荐系统

从海量信息中快速而准确地定位到所需资源已成为大数据时代的研究热点。以搜索引擎为代表的信息检索技术可以在关键词方面帮助用户获得数据资源，但是搜索引擎存在以下问题：

（1）搜索引擎获得信息资源空间维度仍然巨大，用户还需手工依据个人的兴趣特征对搜索结果进行大量的信息处理，没有降低用户的获取信息的成本，没有对数据进行有效的压缩。

（2）相同关键词所获得的查询结果是相同的，即“千人一面”：有不同兴趣特征的用户获得相同的查询结果，其智能化程度低，无法“理解”用户个性化、差异化的需求，极大地限制了搜索引擎在智能信息检索领域中的应用。

针对搜索引擎智能性差以及其被动服务模式(无法为用户主动推送所需资源)的局限性，学术界和产业界先后提出了基于推荐系统（Recommender System）的信息过滤技术。推荐系统是根据用户历史行为、兴趣特征等，通过推荐算法从海量数据中挖掘出用户已知或未知的资源，并将其主动推送给用户。推荐系统在很大程度上解决了因数据过量造成的“信息过载”（Information Overload）问题，在各个领域中得到了快速发展与广泛应用。

### 1.1.1　推荐系统的定义

推荐系统（Recommender System）[1]是一种信息过滤系统，通过利用概率统计、机器学习等技术，预测用户（user）对项目（item）的评分或偏好。它可节省用户获取信息的时间，提升用户体验，做到资源的优化配置，从而促进项目的“消费”，提高信息的使用效率。

推荐系统可以采用数学语言进行定义：

用$U=\{u_1,u_2,...,u_m\}$表示用户集合，用$I=\{i_1,i_2,...,i_n\}$表示项目集合，定义目标函数$f$，用来衡量用户$U$对项目$I$的感兴趣程度，推荐是对于$\forall u_i \in U$，找到$i_r$，使得$f$最大，如公式（1-1）所示。

$$\forall u_i \in U,\ i_r = \arg\max_{k \in n} f(u_i, i_k) \tag{1-1}$$

### 1.1.2 推荐系统的分类

推荐系统主要分为三大类：基于内容的推荐系统、协同过滤（Collaborative Filtering，CF）推荐系统和混合推荐系统，如图 1-1 所示。

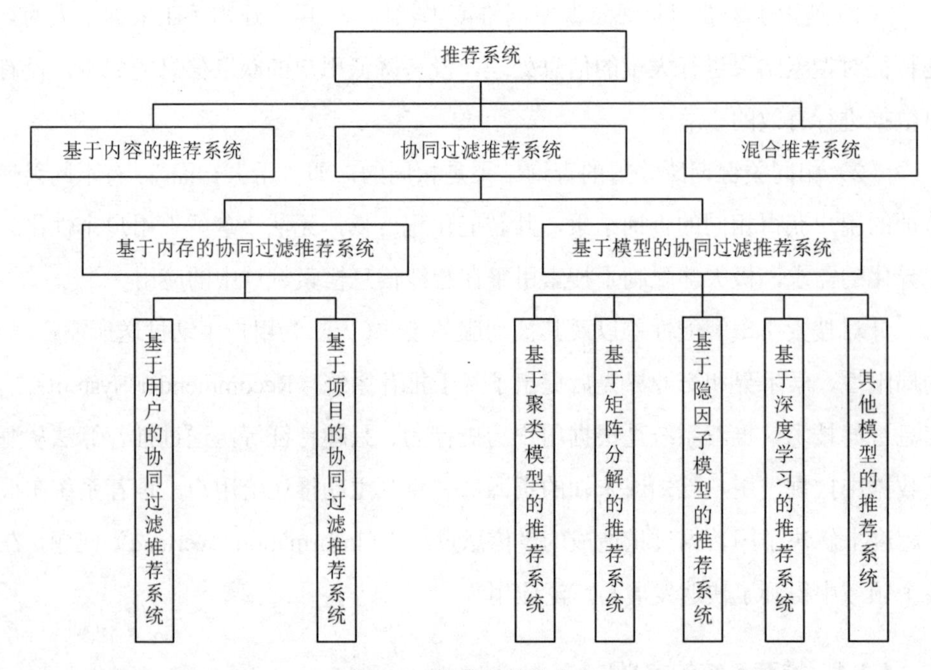


图 1-1 推荐系统的分类

### 1.1.3 推荐系统的过程

推荐系统首先将推荐数据集进行预处理，利用推荐模型对用户和项目进行建模，学习两者的特征，产生目标用户对项目的行为或偏好列表，进而推荐。其主要过程包括以下三个。

（1）推荐系统的首要任务就是获取研究领域中的相关数据，数据集中有用户、项目的相关数据。用户数据主要包括用户显式反馈数据（用户点击、评分等）、用户隐式反馈数据（用户属性、用户的历史浏览记录、用户收藏等）、用户辅助信息（社交数据）。项目数据主要包括项目的属性数据、与项目有关的一些信息（项目简介、项目评论文本等）。获取到的数据往往不能直接应用于推荐系统的场景，所以需要进行数据清洗（缺失值、噪声数据）、数据预处理（数据标准化、数据离散化、数据抽样、数据降维）等工作。

（2）一个好的推荐模型能够提高系统的推荐质量，为用户提供更加个性化和更加丰富的体验。利用机器学习、深度学习等算法获得用户和项目特征，是推荐系统的核心部分。

（3）常见的推荐系统的推荐形式主要有三种：个性化推荐、相关推荐、热门推荐。个性化推荐：经常以“猜你喜欢”“发现”等形式在首页出现。相关推荐：经常以“相关推荐”“看了又看”等形式放在内容详情页。热门推荐：按照各类数据的统计结果进行推荐。例如，淘宝网站，其主要推荐功能有：相关商品、店铺推荐、买了还买、看了还看和猜你喜欢等。

## 1.2 推荐系统的研究现状

互联网、物联网、社交网络、云计算和人工智能等技术深入发展，现已遍及人们的学习、工作、社交、文化、娱乐和购物等各个方面，对人类的生活方式产生了巨大影响。与此同时，成熟的互联网及其相关技术也产生了海量的数据信息，人们在享受信息技术带来快捷性、方便性的同时，如何从海量的数据中检索到用户需要的内容成为亟须解决的问题。基于此需求，旨在为不同用户推送个性化服务或产品的推荐系统应运而生。推荐系统作为一种信息过滤的重要手段，是当前解决信息过载问题最有效的方法。得益于计算机技术和网络通信技术的日趋成熟，推荐系统已应用到各个方面，例如：新闻推荐领域的 Google News、GroupLens、Phoaks 等；音乐推荐领域的 CoCoA、Ringo、Pandora、CDNOW 等；电影推荐领域的 Netflix、MovieLens、豆瓣等；视频推荐领域的 YouTube、Hulu、Clciker 等；社交推荐领域的 Facebook、Twitter 等；电子商务领域的 Amazon、eBay、淘宝、京东、美团和拼多多等。在巨大商业利益的驱动下，针对电子商务领域的推荐系统发展更为迅猛，推荐之王 Amazon 销售额中 20%～30%来自个性化推荐系统[2]。

1999 年，美国计算机协会（Association for Computing Machinery，ACM）的数据挖掘特别兴趣组 SIGKDD 设立了 WEBKDD 研讨组，主题集中在电子商务中的推荐系统技术与 WEB 挖掘。计算机领域中的顶级国际学术会议 SIGKDD、SIGIR、AAAI、ACL 和 ICML 等也已经把推荐系统作为一个研讨主题。在信息系统领域中对推荐系统的研究处于领先地位的科研机构有明尼苏达大学——GroupLens 项目组、美国斯坦福大学——LIRA 和 Fab、麻省理工学院——Letizia、卡内基梅隆大学——WebWatcher、德国国家研究中心——ELFI、NEC 研究院——CiteSeer 和清华大学——OpenBookmark 等。国际权威学术期刊 *IEEE Transactions on Knowledge and Data Engineering*、*ACM Transactions on Information Systems*、*ACM Transactions on Knowledge Discovery from Data*、*Information Retrieval Journal*、*Data Mining and Knowledge Discovery*、*Journal of Machine Learning Research*、*Expert Systems with Applications*、*Neurocomputing*、*Knowledge-Based System* 与 *International Journal of Electronic Commerce* 等，以及国内计算机领域核心期刊《软件学报》《计算机学报》与《计算机研究与发展》等，都对推荐系统的相关理论、算法进行了深入研究。

推荐算法作为整个推荐系统的核心，其性能的好坏直接关系到整个推荐系统的推荐质量。当前推荐算法的研究热点主要包括以下几类。

1. 基于关联规则的推荐算法

关联规则是数据挖掘领域中一个重要的研究内容，由 Agrawal 等于 1993 年提出。关联规则技术用于推荐系统最早是由 Fu、Budizk 和 Hammond 等提出的。它是根据当前用户过去感兴趣的内容，通过规则推算出用户还没有购买的可能感兴趣的内容，然后根据规则的支持度将这些内容排序推荐给用户。之后，国内外基于关联规则挖掘的个性化推荐研究逐步展开，成为电子商务和数据挖掘领域的研究热点。目前的研究主要包括三大类：

（1）面向个性化推荐的关联规则挖掘算法研究，主要以提高算法效率推荐效果作为研究目的。

（2）个性化推荐模型、推荐系统与推荐策略等方面的研究。

（3）以减少规则数量为目的的关联规则子集研究，解决规则数量激增的问题。相关的研究工作主要有：文献[3]在关联规则挖掘之前应用模糊聚类分析对数据进行预处理；文献[4]提出了一种具有最大推荐非空率的关联规则挖掘算法。为提高挖掘效率；文献[5]提出了 k 关联规则的思想，并设计了一种应用于个性化推荐的 Web 页面关联规则挖掘算法，在产生频繁项的同时挖掘关联规则；文献[6]提出了一种新的存储结构 FS-tree，并在此基础上探讨了基于前项不定长的关联规则挖掘算法；文献[7]考虑顾客随时间变化的动态行为特征，提出了动态挖掘算法；文献[8]对个性化推荐的关联规则相关性分析算法进行改进；文献[9]结合 FP-growth 算法思想，提出了基于频繁模式树算法 FP-tree 的加权关联规则算法；文献[10]提出了一种面向新兴趣点发现的协作算法，建立了包括新兴趣点的多商品模糊兴趣模型；文献[11]将聚类与关联规则结合用于个性化推荐；文献[12]为提高推荐质量提出了基于顾客生命周期价值和购买偏好的个性化推荐算法；文献[13]提出了基于 Apriori 算法的自动个性化推荐算法。关联规则的发现是个性化推荐系统的核心和关键，推荐效果依赖于规则的质量和数量。基于关联规则的个性化推荐算法的缺点是关联规则数量的增多，以及冗余规则的出现影响了推荐系统的性能，形成了关联规则的个性化推荐系统的瓶颈。同时，如果支持度和置信度阈值选取不当，会造成模型计算的时间效率低且推荐效果较差[14]。

2. 基于内容的推荐算法

基于内容的推荐算法[15-19]最先应用于信息检索与信息过滤领域，它主要对由文本信息组成的项目进行推荐。此算法通过用户或项目本身的属性内容来描述，采用概率统计、机器学习等技术，提取用户特征、项目属性来建立用户兴趣模型，根据模型的相似匹配度为用户推荐。文献[20]～[23]通过阈值设定，研究了用户查询文字和对象特征的匹配方法，从而更精确地计算对象内容特征。文献[24]～[26]使用了内容推荐和协同过滤相结合的方式来弥补各自推荐技术的缺陷。由于基于内容的推荐算法是通过分析用户的历史记录来推测该用户的偏好的，而新用户的历史使用记录较少，因此推荐系统无法准确推测出新用户的偏好，也不能准确地为新用户进行推荐；项目表示仅限于文本特征，而对声音、图像和视频等多媒体对象无法进行自动标注；同时，该算法本身具有局限性，如匹配精确性差、较难区分具有相同特征的对象等。

3. 协同过滤推荐算法

协同过滤推荐算法是当前使用最广泛的推荐技术之一。该技术在推荐效果和精确性等方面体现出较好的优势。协同过滤推荐算法主要分为两类。

第一类，基于模型的协同过滤算法。基于模型的算法是通过数据挖掘算法进行机器学习的过程，由用户历史行为信息挖掘出某类用户感兴趣的项目或者某类项目被哪些用户喜欢，从而构建兴趣模型，然后在线应用已经建立的模型进行评分预测和推荐。

基于模型的协同过滤算法无法利用最新的项目和用户信息，因此需要动态地建立和训练模型，而随着项目和用户量增大，训练时间也随之增加，所以更适用于用户兴趣变化较稳定的领域。对于只取少量用户数据作为训练集进行建模的基于模型的协同过滤算法而言，有可能损失用户之间的差异性，从而导致算法的推荐质量低于基于内存的协同过滤算法。此外，基于模型算法的参数调整也会对实际推荐效果产生较大影响[27]。

第二类，基于内存的协同过滤算法。基于内存的协同过滤算法通过构建用户—项目评分矩阵寻找与目标用户有相同或相似兴趣偏好的邻居用户，再根据邻居用户对项目的评分来预测目标用户对其未评分项的评分值，进而选择预测评分最高的前 $N$ 个项目作为推荐集。因此，用户评分数据收集越多，协同过滤算法的推荐质量越高。基于内存的协同过滤算法可以分为基于用户的协同过滤推荐算法与基于项目的协同过滤推荐算法。该算法的关键是通过计算用户或项目间的相似度得到最近邻用户或项目集[28]。

基于内存的协同过滤算法完全依赖于用户评分，随着项目数量不断增加，用户模型成为高维稀疏矩阵。例如，MovieLens 数据集的稀疏度是 4.5%，Netflix 是 1.2%，而 Bibsonomy 更是稀疏到 0.35%，Delicious 是 0.046%。以 2010 年的淘宝网站数据为例，其拥有注册用户 3.7 亿，在线商品数量 8 亿，但是平均每个用户浏览的商品数量不超过 800 个，评分数据更是小于这个数目，所以评分矩阵就会变得极度稀疏。协同过滤的稀疏性问题由此产生，并已成为推荐质量下降的主要原因。极端的数据稀疏性会导致以下问题。

- 最近邻用户难以找到或准确度不高。
- 最近邻用户过少的评分会导致算法无法为用户产生较多项目推荐。
- 数据的稀疏导致算法自我学习能力差，以邻居用户的传递关系为例，若用户 $u_1$、$u_2$ 有较高相似性，用户 $u_2$、$u_3$ 也有较高相似性，但由于 $u_1$ 与 $u_3$ 极少有共同评分数据，因此系统将认为 $u_1$ 与 $u_3$ 之间的相似性很低，这就失去了 $u_1$ 与 $u_3$ 之间潜在相似性。
- 冷启动问题：由于没有历史评分数据，基于评分数据计算用户和项目相似度的传统协同过滤算法不能产生推荐[29-30]。

除了稀疏性问题外，协同过滤推荐算法还存在可扩展性问题。随着系统中用户与项目数量的增多，海量数据处理使得算法面临的计算复杂度急剧增加，导致在单机环境中系统性能严重下降甚至系统产生“死锁”，从而影响推荐系统的实时性。

针对上述问题，国内外学者提出以下主要解决方法。

（1）数据稀疏性问题。学者们先后提出了各种改善稀疏性的技术，基本可以将其分为默认值法、结合基于内容的过滤法、降维法、图论法和相似性改进法等[31]。

1）默认值法。降低数据集稀疏性，简单的方法是对未评分项给定一个默认值。这个值可以是评分中值、众数和均值等。由于用户对未评分项的评分不可能完全相同，因此默认值方法的可信度不高。

孙小华等[32]采用众数法来解决新项目问题，即将目标用户所有评分的众数作为对新项目的预测评分。但众数法存在“多众数”（两个或两个以上的评分值出现次数）和“无众数”（所有评分值出现的次数都一样）的情况，因此局限性较大。Jeong 等[33]将基于用户和基于项目的协同过滤方法相融合，使用该混合方法对用户—项目评分矩阵中的未评分元素进行循环填充，直到评分矩阵稳定为止。

2）结合基于内容的过滤法。由于基于内存的协同过滤算法完全依赖于评分数据，因此结合基于内容的过滤法可以在用户描述方面弥补基于内存的协同过滤算法的不足。Claypool 等[34]将用户感兴趣的领域、显式关键词和根据词频从用户给予的高评分文章中抽取的隐式关键词组成用户描述文件，然后使用重叠系数计算用户描述与用户未读文章之间的匹配度，从而得到一个基于内容的预测结果，再将其与基于协同过滤推荐算法得到的预测结果进行加权生成最终的评分预测结果。张锋等[35]提出先根据用户间评分向量交集大小选择候选最近邻居集，然后采用 BP 神经网络预测用户对未评分项目的评分。高澄等[36]根据用户的评分数量确定用户等级，分别采用基于用户等级的协同过滤和基于似然关系模型的推荐方法对项目预测评分。

3）降维法。通过对评分矩阵进行降维处理，可降低矩阵规模及稀疏性。目前用于协同过滤的降维技术可以分为简单降维方法、矩阵分解和主成分分析三类[37]。一些学者提出实用的降维方法：将用户—项目评分矩阵转换为用户—类别评分矩阵，每个矩阵元素值为相应用户对该类别所有项目评分之和。由于项目类别数远小于项目数，因此可以大幅度降低矩阵维数。利用奇异值分解的方法来减少用户—项目评分矩阵的维度，降维后得到相对稠密的数据，可以较好地解决数据稀疏问题。将主成分分析与模糊聚类相结合来预测评分。降维技术虽然能缩减用户—项目评分矩阵规模，但是也会导致部分信息损失，在项目空间维数很高的情况下降维的效果难以保证[38]。

4）图论法。Aggarwal 等[39]提出了基于 Horting 图的协同过滤推荐算法。Horting 图中节点表示用户，节点之间的距离表示用户间的相似度，在图中搜索近邻节点，综合各近邻节点的评分形成最后的推荐。Huang 等[40]根据用户以往行为及反馈数据，采用关联检索技术和扩散激活算法来求得用户间的传递关联，以缓解稀疏性问题。Papagelis 等 [41]提出根据用户对项目的评分活动及信任推导来建立社会网络，从而在无共同评分项的用户之间产生用户相似性的传递关联。

5）相似性改进方法。周军锋等[42]使用一种修正的条件概率方法计算项目间的相似性，体现了共同评分数、评分值差异和项目所属类别对项目相似性计算的共同影响。夏培勇[43]提出了一种基于信息熵的相似性度量方法。该算法首先计算用户间评分的差异，而后通过该差异的加权信息熵来衡量用户的相似程度；同时还考虑用户间共同关注范围的大小，用户关注范围的交集越大，相似性权重越大。该相似性度量方法一定程度上解决了传统方法在稀疏数据集下相似度度量不准确问题，提高了推荐精度。

（2）冷启动问题。面对冷启动问题，众多学者纷纷展开了深入的研究与讨论，解决的方案大致分为三大类：第一类是利用额外相关的数据信息；第二类是选择最具有可信度的相似邻居；第三类是使用混合方法改进预测评分。

国外，文献[44]将用户特征进行分类比较，初始化为概率分布的形式，在一定条件下求出某项目出现的概率，并将所计算出的各概率值进行筛选，把其中高于某一给定阈值的项目或者在数值上较大的前 $N$ 个项目输出，作为对新用户的推荐项目，但算法中阈值的标准很难确定。Barjasteh 等[45]给出了一个基于矩阵分解的新颖算法框架，该系统利用评分矩阵中用户和项目间的相似性信息，完成等级子矩阵的划分，然后使用辅助信息将现有评级的知识转换为冷启动用户或项目，以此来解决冷启动问题。Balabanovic 和 Shoham[46]给出的 Fab 是第一个混合推荐系统。Fab 推荐系统首先基于内容建立用户关系模型，然后在该模型的基础上进行用户间相似性的计算，通过相似用户实现对冷启动用户的推荐。虽然这一混合算法在处理冷启动问题上取得了一定成果，但是大多混合算法基于混合多维数据来提高推荐的准确度，并没有直接从新用户和新项目本身所具有的特征入手去解决推荐算法中的冷启动问题。Sobhanam 等[47]给出了一种基于关联规则和聚类算法相结合的混合算法，算法通过关联规则技术对新用户兴趣类型进行扩展，然后运用聚类算法对新项目进行分簇，在划分好的类簇内将相同类型项目评分的平均值赋值给新项目，作为其推荐的预测评分值及实现推荐服务。Kuznetsov[48]等给出一种新的混合推荐算法，该算法采用协同过滤推荐算法和基于关联规则的推荐算法来进行用户间交互，从而解决用户冷启动问题。

文献[49]给出了一种基于属性特征映射的算法，该算法的主要思想是采用 K-最近邻（*K*-Nearest Neighbor，KNN）基于属性到特征映射的算法，实现新用户和新项目由自身属性到特征向量的转换，从而实现最优推荐。文献[50]给出了基于内容的推荐算法的方法，实现过程中通过用户和项目的属性信息来计算新用户或新项目的相似度。该方法解决了冷启动问题，但是在聚类的结果中会出现边界重叠的现象，也没有研究不同项目属性或用户特征对相似度计算的影响比重。文献[51]给出了一种融合聚类算法思想的混合算法，首先基于用户进行聚类划分，并将划分好的聚类中心进行标签设定，通过计算目标用户与各聚类中心点间的相似度值来判断目标用户所属的类簇，并在所属类簇内进一步求解该目标用户的最近邻居集，然后对目标用户进行评分预测，并实现推荐过程。文献[52]针对不同项目相似度的计算问题，给出了一种新的改进处理新项目的算法，利用基于信息熵值的方法与项目属性相似性计算方法共同实现项目评分值的计算，然后通过平衡因子组合两种计算方法的项目评分来解决新项目的冷启动问题。

（3）扩展性问题。大数据时代，推荐系统需要处理的信息量呈急剧增长的趋势，算法在单机上运行，受限于单机 CPU 算力、内存和硬盘容量等，无法为大规模计算提供足够的计算能力，也不能满足大数据存储要求，扩展性问题也成为越来越严重的问题。例如，执行过程中搜索目标用户的最近邻时算法的时间复杂度达到 $O(m*n)$，其中，$m$ 代表用户数，$n$ 代表项目数，海量数据处理让算法面临越来越严峻的扩展性问题。

国外，Goldberg 等[53]描述了一种新的协同过滤算法，首先利用通用查询的方法引出真实用户对共同项目的评级，并采用主成分分析（Principal Component Analysis，PCA）方法对数据集进行降维处理，得到评级矩阵的密集子集，然后使用聚类算法在处理后的主成分空间上实现聚类操作，最后产生推荐。Kumar 等[54]使用聚类的方法来提高推荐算法的可扩展性，首先使用 *K*-means 聚类算法对项目进行聚类操作以实现数据的分组处理，然后计算目标用户与各类簇质心的匹配度，在类簇内进行最近邻搜索。Merve 等[55]建立了一种基于人工免疫网络算法 aiNet 的新协同过滤推荐模型，通过 aiNet 描述的空间分布和集群间相互关系来提高数据集的可扩展性；将人工免疫网络与协同过滤相结合，通过应用 aiNet 算法对数据集中的评分矩阵进行压缩，以减少用户的数目，获得更加稳定的结果；此外，运用 *K*-means 聚类算法进行聚类操作以构成用户/项目的相关邻域，降低了计算量，一定程度上解决了算法的扩展性问题。

国内，邓爱林等[56]首先运用 *K*-means 聚类算法对项目进行类簇划分的操作，然后在划分好的各项目类簇内获取目标项目的最近邻居集，并基于该集合中项目的评分数据对该项目产生推荐，通过聚类的方法来处理算法的扩展性问题。郁雪等[57]建立了一种融合聚类算法和主成分分析方法的混合推荐模型，运用基于项目的推荐算法对用户—项目评分矩阵中的空缺的评价实现预测填充，并对所预测的填充值进行相应的主成分分析，然后利用聚类算法对用户进行聚类操作，将其中相似度最高的类簇作为目标用户的最近邻获取范围，以此来降低推荐算法的计算量。文献[58]给出了一种融合优化聚类算法的混合推荐算法，它首先采用矩阵分解方法对高维稀疏的数据集进行相关操作，然后运用改进的聚类算法对项目建立聚类模型，再根据项目聚类模型实现相似性的计算，形成项目推荐的最近邻居集，在线完成推荐的过程。算法基于 Hadoop 分布式平台实现，很大程度上解决了系统面临的扩展性问题。基于 Hadoop 平台实现推荐算法的并行化计算与存储将是推荐系统研究领域中一个重要的发展趋势[59]。

4. 基于社会网络的推荐算法

该推荐算法融合目标用户的社会网络信息产生推荐，由于该技术基于社会网络，因此也被称为社会推荐（Social Recommender）系统。相比传统的个性化推荐算法，基于社会网络的推荐算法是指通过挖掘用户在社交网络中的信任关系，对用户进行个性化推荐，一般来讲，用户更易接受来自朋友的推荐，社会属性信息确实能够提高推荐系统的性能。信任作为人际关系的核心概念，将直接影响用户的决策过程，可以帮助提高推荐系统的准确率和质量，因此成为推荐领域中新的研究热点，引起国内外学者关注。例如，ACM 推荐系统年会（The ACM Conference Series on Recommender Systems，RecSys）从 2009 年开始涉及社会化推荐系统的专题讨论会。

在传统推荐系统中，大部分推荐策略仅关注分析用户兴趣特征，常因数据稀疏导致推荐不理想。而现实场景中，不仅需要考虑兴趣因素，信任因素也一定程度上影响着目标用户的决策。国内外大量的研究表明，融合信任的推荐算法可以取得更好的推荐效果，尤其是在解决数据稀疏性以及恶意推荐问题等方面[60-61]。

社会网络环境下基于信任的推荐方法研究取得了快速发展，主要包括链接预测和矩阵分解方法。例如，Web 服务推荐系统是 Coles 等[62]提出的一种点对点网络的信誉管理算法。王茜等[63]利用 TidalTrust 模型将信任关系引入推荐系统，用信任度代替相似度，算法在预测评分时参考了目标节点所信任的邻居对项目的评分。Liu、Deng 等[64-65]使用社交网络进行信任评估，算法基于 TidalTrust 模型改进，参数主要靠经验取值，因此对准确度影响较大，模型不够稳定。Capdevila 等[66]使用随机游走（Trust Walker）的推荐策略，随着漫游步数增多计算可信度。社交网络环境下还有从系统层面、语义层面基于矩阵分解框架的信任推荐[67-68]。例如，叶卫根等[69]提出了一种新颖的基于矩阵因子分解的推荐算法（Social Recommendation Using Probabilistic Matrix Factorization，SoRec），它结合了其他用户对目标用户未评分的间接影响，并进一步将社交网络中的信任关系融入算法中。Guo 等[70]提出利用 Multiviews 方法来预测评分和计算信任关系。Guo 等还在文献[71]中提出结合项目评分和用户信任关系的显式与隐式信任的协同过滤算法。Moradi 等[72]提出了一种基于信任的推荐算法 Trust-Aware，在社交网络利用信任和用户的个人数据进行推荐。Gurini 等[73]提出的 SocialMF（Social Matrix Factorization）方法弥补了社会信任集成推荐算法（Recommendations with Social Trust Ensemble，RSTE）的不足。王升升等[74]提出利用标签和信任数据的推荐算法可以提高推荐的精度。Wang 等[75]提出了一种社会化推荐算法，该算法综合考虑用户的信任关系、项目间的相似关系和评分信息，但是，其方法仅简单地使用用户间的相似度替代信任度，整个计算过程只利用评分信息，信任关系并没有被真正地挖掘利用。Yang 等[76]基于用户的社交网络结构，采用基于深度学习的技术对社交网络进行建模，能一定程度上解决社交网络图结构的稀疏性问题，可以适应大规模数据集，提高了模型的可扩展性。Deng 等[77]采用深度自编码器模型，学习用户和项目的隐特征向量，结合正则化技术融入用户信任关系影响推荐系统，解决了传统矩阵因子分解中用户和项目的隐向量特征抽取困难的问题，有效提升了推荐系统的性能。Liu 等[78]通过利用循环神经网络模型记忆序列行为之间的依赖关系，得到用户关系序列，从而预测用户下一时刻的行为。

5. 融合多源数据的推荐算法

最近几年，深度学习得到了快速发展，它被广泛应用于图像识别[79]、机器翻译[80]、语音识别[81]等领域，并在这些领域中取得了很多研究成果。由于深度学习可以捕获更精准的特征表示，推荐系统的许多研究人员也开始将目光转向了深度学习领域，结合传统的协同过滤算法和深度学习技术来进行推荐，利用以上推荐方法的优点将它们组合，形成新的混合推荐算法，在学术界以及工业界得到了快速的发展和应用，成为当前研究的热点[82-83]。

在推荐领域中，融入深度学习技术，首先针对不同的数据特征，选择合适的深度学习模型，通过对模型的训练，学习用户或项目的隐特征表示，再融合传统的推荐算法来优化目标函数，进行模型的训练，从而实现推荐[84]。2007 年，Salakhutdinov 等[85]首次提出在推荐系统中运用深度学习模型，将受限玻尔兹曼机（Restricted Boltzmann Machine，RBM）结合到协同过滤算法中，但由于模型训练时间较长，在实际的应用中较少。之后，有很多研究者将传统的推荐算法和不同深度学习技术结合，例如，Sedhain 等[86]提出了一种基于自编码器的协同过滤算法，该模型的输入为评分矩阵 $\boldsymbol{R}$，通过编码—解码过程产生输出。Wang 等[87]提出了一种深度置信网络（Deep Belief Network，DBN）与概率矩阵分解（Probabilistic Matrix Factorization，PMF）相结合的模型，分别利用深度置信网络与概率矩阵分解模型从音乐中学习用户与音乐的隐特征，采用内积方式进行组合，提升了音乐推荐的性能。Elkahky 等[88]提出了一种多视角深度神经网络模型［Multi-View DNN（Deep Neural Network）］，该模型学习用户历史记录产生的行为特征，并将得到的特征与项目进行语义匹配，进而产生推荐。

随着推荐技术的发展，研究者们对推荐系统衍生出了更加多样化的方向，不再仅仅是简单结合深度学习技术来进行推荐，而是融合多源信息获取更精确的特征表示或者进一步优化深度学习模型来提高推荐准确性。例如，Zhang 等[89]提出了一种协同知识库嵌入模型，利用与协同深度学习（Collaborative Deep Learning，CDL）相似的模型架构，将项目之间各类关系、文本数据和图像数据融入推荐系统中，学习到项目隐特征。Dong 等[90]提出了一种基于附加栈式降噪自动编码器（Stacked Denoising AutoEncoder，SDAE）的混合推荐方法，其输入是用户或项目的评分向量，分别对融入用户或项目辅助信息的栈式降噪自动编码器进行重构，构建联合目标优化函数，进而得到预测评分。Kim 等[91]提出了卷积神经网络（Convolutional Neural Network，CNN）与 PMF 模型相结合的方式，即卷积矩阵因子分解模型 ConvMF。该模型对项目的文本信息建模，并结合传统的协同过滤技术，提高了推荐系统的准确性。Zhang 等[92]提出了基于邻居标签的卷积协同过滤模型，利用卷积神经网络学习项目文本信息，得到项目隐特征，同时考虑邻居信息结合到用户特征矩阵中，用来优化 PMF 模型分解出来的用户与项目隐特征向量。张敏等[93]将辅助评论信息引入推荐系统中，提出层叠降噪自动编码器与隐因子模型（Latent Factor Model，LFM）相结合的混合推荐方法，提升了推荐模型对潜在评分预测的准确性，一定程度上解决了数据稀疏问题。Yue 等[94]提出了一种具有多视图信息集成的个性化推荐模型，考虑多种内容来源（项目图像、描述和评论文本等），采用堆叠式自动编码器将多视图信息映射到统一的隐空间中，引入集成模块来反映多视图交互作用表示形式，实验表明所提出的模型提高了推荐系统的准确性。在当前的推荐系统研究中，已不再单独利用评分数据进行推荐，而是将丰富的评论信息[95]、用户的社交信息[96]以及情景信息[97]等融合到概率矩阵分解中，提取有效的特征来一定程度上解决数据稀疏性问题，从而进一步提高推荐系统的质量。

## 1.3 推荐系统的评测

衡量协同过滤推荐算法的预测评分精度的三个最常用的指标为平均绝对误差值（Mean Absolute Error，*MAE*）、均方根误差值（Root Mean Squared Error，*RMSE*）和均方误差值（Mean Square Error，*MSE*）。

通过计算预测值和真实值之间的平均绝对偏差来反映预测结果与实际情况的偏差，所计算的平均绝对误差值 *MAE*、均方根误差值 *RMSE* 和均方误差值 *MSE* 越小，则表示算法对应的预测值和真实评分值之间的误差就越小，说明推荐结果的精度就越高。

1. 平均绝对误差 *MAE*

计算平均绝对误差值 *MAE*，如公式（1-2）所示。

$$MAE = \frac{1}{T}\sum_{i,j}\left|R_{ij} - \hat{R}_{ij}\right| \tag{1-2}$$

2. 均方根误差 *RMSE*

计算均方根误差值 *RMSE*，如公式（1-3）所示。

$$RMSE = \sqrt{\frac{1}{T}\sum_{i,j}(R_{ij} - \hat{R}_{ij})^2} \tag{1-3}$$

3. 均方误差 *MSE*

计算均方误差值 *MSE*，如公式（1-4）所示。

$$MSE = \frac{1}{T}\sum_{i,j}(R_{ij} - \hat{R}_{ij})^2 \tag{1-4}$$

式中：$T$ 为样本的总数；$R_{ij}$ 为用户 $i$ 对项目 $j$ 的真实评分；$\hat{R}_{ij}$ 为用户 $i$ 对项目 $j$ 的预测评分。

# 第 2 章　数据填充方法

## 2.1　协同过滤推荐算法概述

协同过滤也称为社会过滤，最初应用于 Tapestry 系统，由 Goldberg 等于 1992 年提出，用来过滤电子邮件。

协同过滤推荐算法通过用户对项目的评分记录对目标用户进行推荐，认为拥有相似兴趣的用户会对相同的项目有相似的喜好程度。协同过滤不仅考虑目标用户的历史评分记录，还考虑其他用户的历史记录，通过过滤不相关信息，将对目标用户有价值的信息聚集在一起，进而产生推荐。协同过滤可以发现目标用户潜在的兴趣爱好，且推荐质量较高，被证明是目前最成功的个性化推荐技术之一。

协同过滤推荐算法自提出以来就被广大学者所关注，近年来得到了快速发展，在各种推荐系统中得到了广泛应用。协同过滤算法基本分为基于内存的算法和基于模型的算法。基于内存的算法通过分析用户间的历史数据发现兴趣相似的邻居用户或相似的邻居项目，然后以邻居用户对目标项目的评分为依据预测目标用户的评分。基于内存的算法可以细分为基于用户的协同过滤推荐算法和基于项目的协同过滤推荐算法，无论哪种算法，只是算法输入不同，计算思路基本是一样的，其关键都是通过计算用户/项目间的相似度得到最近邻用户/项目集。基于模型的算法则是通过数据挖掘算法进行机器学习的过程，由用户历史行为信息挖掘出某类用户感兴趣的项目或者某项目被哪些用户喜欢，从而构建兴趣模型，最后以此为依据对目标用户产生推荐服务。

### 2.1.1 基于用户的协同过滤推荐算法

该算法的理论基础是：物以类聚，人以群分，具有相同兴趣、爱好甚至相同地域、相似生活习惯、相似经历的人在对同一事物的评价上将更为相近。因此，在预测用户对未知事物的喜好时，可以利用和这个用户偏好相似的用户群对此事物的评价，其本质就是用群体智慧为个人使用者推荐新事物。用户最近邻居集的获取是基于用户的协同过滤推荐算法的关键所在，算法运用数据集中用户对项目的具体评价信息，使用相关相似度计算方法来获取与目标用户兴趣相似的用户最近邻居集。如图 2-1 所示，假设用户 *A* 和 *C* 都对项目 *A* 和 *C* 进行了评价，并且具有相同的评价信息，那么就认为用户 *A* 和 *C* 具有相同的兴趣爱好，即视为相似用户。除此之外，用户 *C* 还对项目 *D* 项感兴趣，那么由相似用户的理论，则可对用户 *A* 进行项目 *D* 的推荐。

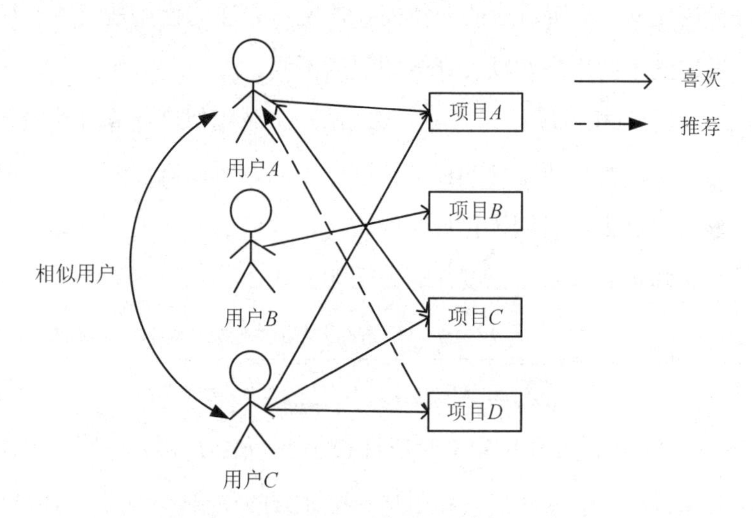


图 2-1 基于用户的协同过滤推荐算法原理图

基于用户的协同过滤推荐算法基本的执行过程一般分为如下几步。

1. 寻找用户最近邻居集

用户最近邻居集是算法的核心所在，简单来说，就是与某一用户具有相同或相近的兴趣爱好的用户集合。寻找用户最近邻居集的具体过程是：按照相关相似度计算方法得出目标用户与其他所有用户间的相似度值降序排列，从中选择出相似度最大的前 $N$ 个用户即为寻找的用户最近邻居集。相似度的度量方法可以有多种计算方法，较为常用的方法有余弦相似度计算、修正的余弦相似度计算和 Pearson 相关系数计算。

（1）余弦相似度计算方法。该方法基于向量计算，因此需要将每个用户对项目的评分信息转化为向量形式，即给定用户 $u$ 和用户 $v$，则 $u$、$v$ 均为 $n$ 维向量 $\vec{u}$ 、$\vec{v}$，其中项目数为 $n$，那么向量 $\vec{u}$ 、$\vec{v}$ 间夹角的余弦值，即为用户 $u$ 和 $v$ 的相似度值，计算出的值越大，就代表着两用户间越相似。具体余弦相似度计算方法如公式 2-1 所示。

$$sim(u,v) = \cos(u,v) = \frac{\vec{u} \cdot \vec{v}}{\|\vec{u}\| \cdot \|\vec{v}\|} \tag{2-1}$$

式中：$\vec{u}$ 为用户 $u$ 对项目的评分向量；$\vec{v}$ 为用户 $v$ 对项目的评分向量；$\|\vec{u}\|$ 、$\|\vec{v}\|$ 分别为用户评分向量 $\vec{u}$ 、$\vec{v}$ 所对应的向量模。该度量方法的优点是简单易行，不足之处是没有考虑到不同用户对项目评分的尺度不同。

（2）修正的余弦相似度计算方法。该方法在余弦相似度计算方法的基础上进行改进，考虑到不同用户所隐含的评分标准的不同，所以修正的余弦相似度将用户的平均评分结合进去，以期优化最初的方法，改进的方法当中更多地融入了用户间的相关性。修正的余弦相似度计算方法如公式 2-2 所示。

$$sim(u,\ v) = \frac{\sum_{i \in I_{uv}} (r_{ui} - \overline{r_u}) \cdot (r_{vi} - \overline{r_v})}{\sqrt{\sum_{i \in I_u} (r_{ui} - \overline{r_u})^2} \cdot \sqrt{\sum_{i \in I_v} (r_{vi} - \overline{r_v})^2}} \tag{2-2}$$

式中：$r_{ui}$、$r_{vi}$ 分别为用户 $u$ 和用户 $v$ 对项目 $i$ 的评分值；$I_u$ 和 $I_v$ 分别为用户 $u$ 和用户 $v$ 的评分的项目集；$I_{uv}$ 为用户 $u$ 和用户 $v$ 所评分的项目交集；$\overline{r_u}$ 为用户 $u$ 对 $I_{uv}$ 集合中所评价项目的平均值；$\overline{r_v}$ 为用户 $v$ 对 $I_{uv}$ 集合中所评分项目的平均值。该方法在基本的余弦相似度计算方法中，将每一项减去对应用户所评过分的项目的平均评分，用以调整用户间评分尺度的差异性，不足之处是度量用户或项目间的相似度的精准度仍然不高。

（3）Pearson 相关系数计算方法。这是一种用来度量两个变量间线性相关程度的标准。具体计算根据目标用户和其近邻用户共同评过分的项目进行，所得结果的取值介于[–1,1]之间，数值大小与变量间线性相关程度成正比关系，Pearson 相关系数的数值越大，就代表着两变量间的相关性程度越高。Pearson 相关系数计算方法如公式 2-3 所示。

$$sim(u, v) = \frac{\sum_{i \in I_{uv}} (r_{ui} - \overline{r_u})(r_{vi} - \overline{r_v})}{\sqrt{\sum_{i \in I_{uv}} (r_{ui} - \overline{r_u})^2} \sqrt{\sum_{i \in I_{uv}} (r_{vi} - \overline{r_v})^2}} \tag{2-3}$$

该方法在计算用户间相似度时需要基于两个用户共同评价过的项目集来进行，评价的结果较为精确，欠缺之处在于当数据集中用户对项目的评分值过于稀少时，该计算方法将无法使用。

2. 产生推荐

推荐过程中通常采用 Top-$N$ 推荐公式对目标用户进行预测推荐。具体是利用预测评分公式将目标用户没有进行过评分的项目进行评分预测，然后在评分矩阵中，选择出评分值最高的前 $N$ 个项目并推荐给目标用户。基于用户的协同过滤推荐算法评分预测方法如公式 2-4 所示。

$$P_{ui} = \overline{r_u} + \frac{\sum_{m \in N_u} (r_{mi} - \overline{r_m}) \times sim(u,m)}{\sum_{m \in N_u} |sim(u,m)|} \tag{2-4}$$

式中：$N_u$ 为目标用户 $u$ 的最近邻居集；$r_{mi}$ 为用户 $m$ 对项目 $i$ 的评分值；$\overline{r_m}$ 为用户 $m$ 对其所评价过项目的平均评分值；$sim(u,m)$为目标用户 $u$ 与用户 $m$ 的相似度。

### 2.1.2 基于项目的协同过滤推荐算法

基于项目的协同过滤推荐算法与基于用户的类似，其算法的执行步骤是运用用户对不同项目的评价信息来评测项目之间的相似性，从而获取与目标项目最近邻居集。如图 2-2 所示，用户 $A$ 和用户 $B$ 都对项目 $A$ 和项目 $C$ 感兴趣，那么就认为项目 $A$ 和项目 $C$ 具有相同的类型特点，即称为相似项目。用户 $C$ 对项目 $A$ 感兴趣，基于项目相似性就把项目 $C$ 也推荐给用户 $C$，认为其对同类型的项目 $C$ 应该感兴趣。

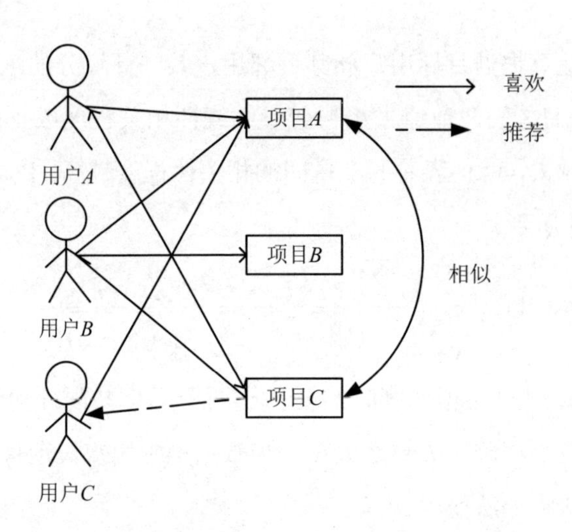


图 2-2 基于项目的协同过滤推荐算法原理图

基于项目的协同过滤推荐算法的实现类似于基于用户的协同过滤推荐算法，具体步骤大致分为如下两部分。

1. 寻找项目最近邻居集

这里给出相关相似度计算公式，分别为余弦相似度计算公式 2-5、修正的余弦相似度计算公式 2-6 和 Pearson 相关系数计算公式 2-7。详细的处理过程与基于用户的协同过滤推荐算法基本一致，在此不再赘述。

$$sim(i,j)=\cos(i,j)=\frac{\vec{i}\cdot\vec{j}}{\|\vec{i}\|\cdot\|\vec{j}\|} \tag{2-5}$$

$$sim(i,j)=\frac{\sum_{u\in U_{ij}}(r_{ui}-\overline{r_i})\cdot(r_{uj}-\overline{r_j})}{\sqrt{\sum_{u\in U_i}(r_{ui}-\overline{r_i})^2}\cdot\sqrt{\sum_{u\in U_j}(r_{uj}-\overline{r_j})^2}} \tag{2-6}$$

$$sim(i,j)=\frac{\sum_{u\in U_{ij}}(r_{ui}-\overline{r_i})\cdot(r_{uj}-\overline{r_j})}{\sqrt{\sum_{u\in U_{ij}}(r_{ui}-\overline{r_i})^2}\cdot\sqrt{\sum_{u\in U_{ij}}(r_{uj}-\overline{r_j})^2}} \tag{2-7}$$

以上公式中：$\vec{i}$ 、$\vec{j}$ 分别为项目 $i$ 和项目 $j$ 对应的评分向量；$\|\vec{i}\|$、$\|\vec{j}\|$ 分别为项目 $i$ 和项目 $j$ 评分向量的模；$U_{ij}$ 为同时对项目 $i$ 和项目 $j$ 进行过评分的用户交集；$U_i$ 为对项目 $i$ 进行过评分的用户集合；$U_j$ 为对项目 $j$ 进行过评分的用户集合；$r_{ui}$ 和 $r_{uj}$ 分别为用户 $u$ 对项目 $i$ 和项目 $j$ 的评分值；$\overline{r_i}$ 为用户对项目 $i$ 评分的平均值；$\overline{r_j}$

为用户对项目 $j$ 评分的平均值。

2. 产生推荐

基于项目推荐的实现与基于用户的协同过滤推荐算法当中的方法一致，均采用 Top-$N$ 推荐方法实现最终推荐。基于项目的预测评分计算如公式 2-8 所示。

$$P_{ui} = \overline{r_u} + \frac{\sum_{n \in N_i} (r_{un} - \overline{r_n}) \times sim(i,n)}{\sum_{n \in N_i} |sim(i,n)|} \tag{2-8}$$

式中：$N_i$ 为项目 $i$ 的最近邻居集；$r_{un}$ 为项目 $n$ 对应的用户 $u$ 对其进行的评分值；$\overline{r_n}$ 为计算所得的项目平均值，由所有用户对项目 $n$ 的评分情况所决定；$sim(i,n)$为项目 $i$ 与最近邻集中项目 $n$ 的相似度。

## 2.2 数据填充方法解决数据稀疏性问题

由于自身所具有的特性，以及海量数据的出现，协同过滤推荐算法存在的局限性更加突显。

在推荐系统中，存在大量的用户和项目，但是用户主动参与评分的数据相对于整个评分矩阵较少，见表 2-1，导致推荐系统中用户评分数据的稀疏性，这将严重影响相似度计算的准确性，从而难以获取准确的目标用户最近邻集，最终影响了算法的可靠性和推荐效果。

表 2-1 评分矩阵表

| user/item | $i_1$ | $i_3$ | $i_4$ | $i_5$ | $i_6$ |
|---|---|---|---|---|---|
| $u_1$ | | | | | |
| $u_2$ | 3 | | | | |
| $u_3$ | | 3 | | 5 | |
| $u_4$ | 3 | 1 | 1 | 1 | |
| $u_5$ | | 4 | | 3 | |

该评分矩阵是非常稀疏的，在此矩阵基础上使用协同过滤推荐算法将产生一些问题。例如，由于用户 $u_1$ 没有对任何项目评过分，算法无法为其找到最近

邻集，也就无法利用最近邻数据对其产生推荐。用户 $u_2$ 仅对项目 $i_1$ 评了 3 分，而用户 $u_4$ 因为对 $i_1$ 也评了 3 分，算法就将其判定为 $u_2$ 的邻居，则 $u_2$ 对项目 $i_3$、$i_4$、$i_5$ 的评分均为 1 分，但事实上 $u_2$ 对项目 $i_3$、$i_4$、$i_5$ 是较为喜欢的，说明 $u_2$ 和 $u_4$ 是不能成为邻居的。同理，$u_3$、$u_5$ 虽然都对项目 $i_3$、$i_5$ 评了分，却由于没有对项目 $i_1$ 评分而被认为不是 $u_2$ 最近邻，这样算法找到的最近邻不准确，那么根据最近邻产生的推荐项目也不可能是符合实际情况的。因此，利用填充方法对原始评分矩阵进行合理填充来降低稀疏性对算法的影响，对于提高最近邻寻找的准确性是非常有必要的。

本节将在原始评分数据的基础上，采用基于项目的协同过滤推荐算法对其进行合理填充。这种方法的好处在于不但考虑到用户之间的相似性关系，也把项目间的关联性考虑进去。这种将两者结合起来考虑的方法符合实际场景，因为目标用户喜欢的项目既可能是最近邻用户喜欢的项目，又可以是目标用户喜欢项目的相似项目。基于此思想，在计算用户间相似度之前会先利用基于项目的协同过滤推荐算法预测目标用户对未评分项目的评分，然后将预测的结果填充到原始数据中，增加用户间的共同评分项，从而为算法提供足够的数据支持，一定程度上解决原始评分矩阵的稀疏性问题。在得到填充后的新矩阵后，再采用传统协同过滤算法计算最近邻居，并产生推荐结果。

数据填充方法如下所述。

首先由公式（2-7）计算项目 $i$ 与 $j$ 的相似度，得到目标项目 $i$ 的最近邻集 $N_i$。然后由公式（2-8）计算用户 $u$ 对目标项目 $i$ 的预测评分，将预测的结果填充到原始矩阵 $\boldsymbol{R}$ 中，从而得到新的评分矩阵 $\boldsymbol{R}'$，再由公式（2-3）获取目标用户 $u$ 的相似邻居集 $N_u$，由公式（2-4）计算目标用户 $u$ 的预测评分，最终得到目标用户 $u$ 的 Top-$N$ 的推荐项目集。

算法的处理流程图如图 2-3 所示。

算法具体描述如下：

输入：目标用户 $u$、最近邻个数 $k$ 和 $k'$，推荐项目个数 $N$、原始评分数据 $R_{m\times n}$。

输出：目标用户 $u$ 的 Top-$N$ 推荐项目集。

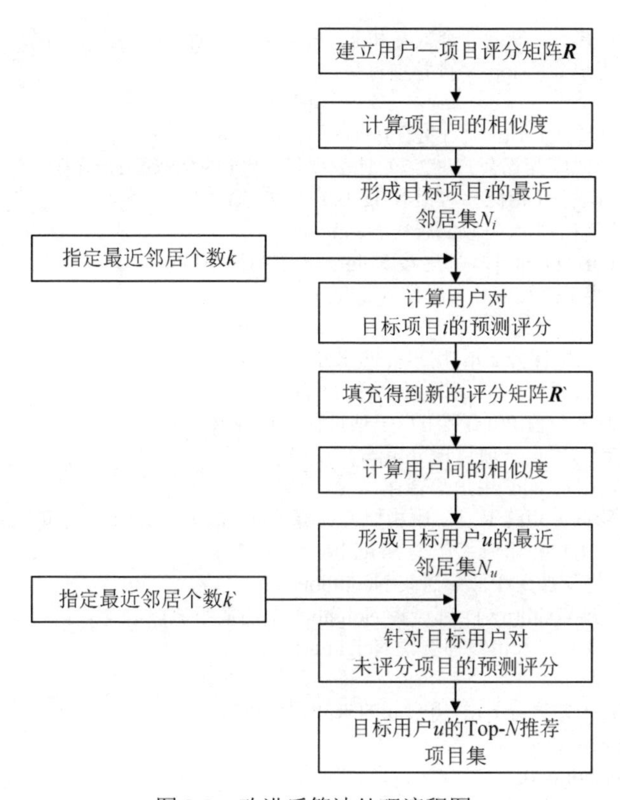


图 2-3　改进后算法处理流程图

步骤 1　遍历所有的项目集。

步骤 2　用公式（2-7）计算项目 $i$、$j$ 之间的相似度，得到项目相似矩阵 $\boldsymbol{M}$。

步骤 3　对项目相似矩阵 $\boldsymbol{M}$ 按相似度大小排序，得到排序后的最近邻矩阵 $\boldsymbol{M}$`。

步骤 4　读取最近邻模型 $\boldsymbol{M}$`，获取前 $k$ 个值组成目标项目 $i$ 的最近邻居集 $N_i$。

步骤 5　由公式（2-8）进行预测，将结果填充到原始评分矩阵，并得到新的评分矩阵 $\boldsymbol{R}$`。

步骤 6　再由公式（2-3）计算目标用户 $u$ 与其他用户间的相似度，得到目标用户 $u$ 的最近邻居集 $N_u$。

步骤 7　利用公式（2-4）对未知评分进行预测，得到目标用户 $u$ 的预测评分值，并从最终评分值中选出最大的前 $N$ 个项目推荐给用户 $u$。

算法实现的伪代码如下。

```
输入：目标用户 u、最近邻个数 k 和 k′、推荐项目个数 N、原始评分数据 R_{m×n}。
输出：目标用户 u 的 top-N 推荐项目集。
Begin
    for each (项目 i   in  项目集合){
        用相似度计算公式（2-7）计算项目 i 和 j 的相似度 sim(i,j);
        if  (项目 i 相似邻居集 Neighbor 个数< k)
            将 j 加入相似邻居集 Neighbor;
        else if   (sim(i,j) >邻居集 Neighbor 中的最小值)
            将 j 加入相似邻居集 Neighbor;
    }
    for each (未知评分 r_i in  用户 u 的未知评分集合)
        基于公式（2-8）计算预测评分值 P(u,i);
    填充预测评分值 P(u,i)到用户－项目评分矩阵 R;
    Output 新的用户－项目评分矩阵 R`;
    for each (用户 v in  用户集合){
        在新评分矩阵 R`上，用相似度计算公式（2-3）计算用户 u 和 v 的相似度 sim(u,v);
        if  (用户 u 相似邻居集 Neighbor 个数< k’)
            将 v 加入相似邻居集 Neighbor;
        else if   (sim(u,v) >邻居集 Neighbor 中的最小值)
            将 v 加入相似邻居集 Neighbor;
    }
    for each (未知评分 r_i in  用户 u 的未知评分集合){
        Sumsim=0;
        SumRating=0;
        for each (v in  最近邻集 Neighbor){
          Sumsim +=sim(u, v);
          SumRating += sim(u, v) ×(r_{v,i} - r̄_v );
        }
    P(u,i) = SumRating/Sumsim;     /*基于公式（2-4）计算预测评分值 P(u,i)*/
    将预测评分值 P(u,i)加入评分数据集 ratingSet 中;
}
    Sort(ratingSet);          /*对 ratingSet 从大到小排序*/
    Output ratingSet 中的前 N 个项目推荐给目标用户;
End
```

# 2.3 数据填充方法的并行化

## 2.3.1 算法并行化过程

数据填充方法虽然在推荐准确度方面有所提升，但却没有解决面临海量大数据时算法的扩展性问题。

云计算的出现为大规模数据计算提供了新的发展契机，为了满足海量数据的处理需求，将上述算法进行 MapReduce 并行化，利用云计算特有的计算、存储优势从根本上解决这个问题。Hadoop 以分布式文件系统（Hadoop Distributed File System，HDFS）和 MapReduce 为核心。其中，HDFS 文件系统不但能提供高吞吐量的数据访问，还具有高可靠性；MapReduce 是一种高效的分布式计算模型，适用于大规模数据的并行运算。

算法的 MapReduce 并行化处理的核心部分就是计算相似度和预测评分值，其处理步骤如下。

步骤 1　读入原始矩阵 ***R***，修正评分值数据（修正方法为：项目 *i* 的评分值减去项目 *i* 的平均评分）得到新的评分矩阵 ***R***`。

步骤 2　在新的评分矩阵 ***R***`上进行 MapReduce 并行化处理，Map 阶段输入的 <key,value> 为 <{offset},{$user_{id}$,$item_1$:$R_1$,...,$item_i$:$R_i$}>，输出的 <key,value> 为 <{$item_i$:$item_j$},{$R_i$:$R_j$}>。在 shuffle 过程中，patition 按 key 值（{$item_i$:$item_j$}）进行切分后，把有相同 key 值的 value 值聚集后交给 Reduce 处理，Reduce 的输入为 <{$item_i$:$item_j$},{$R_1$: $R_2$,..., $R_i$:$R_j$}>，输出为按公式（2-7）计算的各个项目间的相似度<{$item_i$:$item_j$},{sim(i,j)}>。

步骤 3　对步骤 2 的输出结果进行排序，构成项目相似度矩阵 ***M***。***M*** 中每个项目都有相似度由高到低的 *k* 个相似项目。

步骤 4　根据公式（2-8）预测评分，以 MapReduce 化的矩阵相乘方式（***R***`×***M***），将结果填充到 ***R***`中得到新用户评分矩阵 ***R***``。

步骤 5　计算用户相似度 sim(u,v)。Map 阶段输入的<key,value>为<{offset},{$item_{id}$$user_1$:$R_1$,..., $user_i$: $R_i$}>，输出的<key,value>为<{$user_i$:$user_j$},{$R_i$: $R_j$}>。在 shuffle 过程中，patition 按 key 值（{$user_i$:$user_j$}）进行切分后，把有相同 key 值的 value 值聚集到一行交给 Reduce 处理，Reduce 的输入为<{$user_i$:$user_j$},{$R_1$:$R_2$,...,$R_i$:$R_j$}>，输出结果是按公式（2-3）计算的相似度<{$user_i$:$user_j$},{sim(i,j)}>。

步骤 6　与步骤 3 类似，构建用户相似度矩阵 ***M***`。

步骤 7 根据公式（2-4）预测评分，用矩阵 $\boldsymbol{R}``\times\boldsymbol{M}$ 得到最终评分结果。将评分值较高的前 $N$ 个项目推荐给目标用户。

### 2.3.2 算法并行化实现

1. 算法实现过程

本节实现了基于 MapReduce 并行化的改进协同过滤算法。用户评分数据集被切分（Split）为多个小数据块，每个小数据块分别先交给一个 map 函数处理。Map 阶段完成后经 shuffle 过程把具有相同 key 的 value 放到一个 List 中作为 reduce 函数的输入，reduce 函数将各个 map 函数中具有相同 key 值的 value 进行合并处理，并输出处理结果。算法在项目相似度计算阶段的处理流程如图 2-4 和图 2-5 所示。

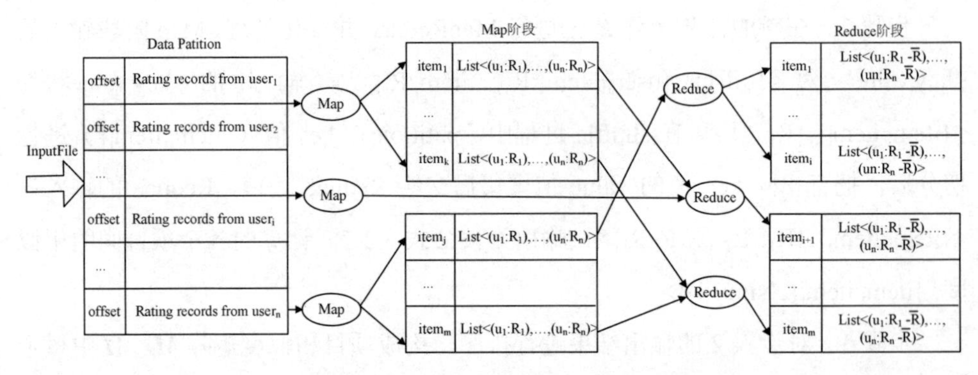


图 2-4 项目相似度 MapReduce 流程图

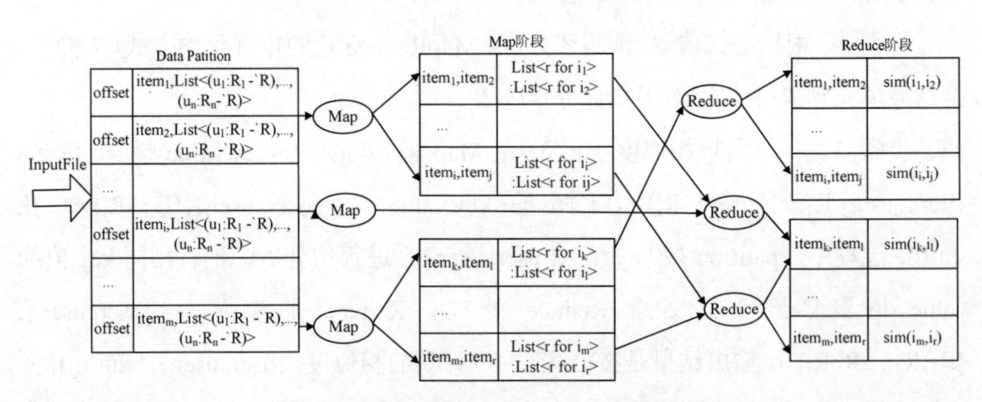


图 2-5 项目间相似度 MapReduce 流程图

InputFile 代表原始的用户—项目评分数据文件，文件在 Map 之前会进行数据划分，每个数据块为一个 Map 任务，被分配到各节点执行。在项目间相似度计算方面，主要进行以下工作。

（1）第一个 MapReduce 的作用是处理数据格式，然后计算所有项目的平均评分，并得到每个用户对该项目评分值和项目平均值之间的差值，将结果保存在 HDFS 中。

（2）第二个 MapReduce 的作用是计算项目间的相似度。

在计算出项目的相似度之后，要对项目相似度进行排序，以得到每个项目的前 $k$ 个最近邻项目，此阶段 MapReduce 化流程如图 2-6 所示。

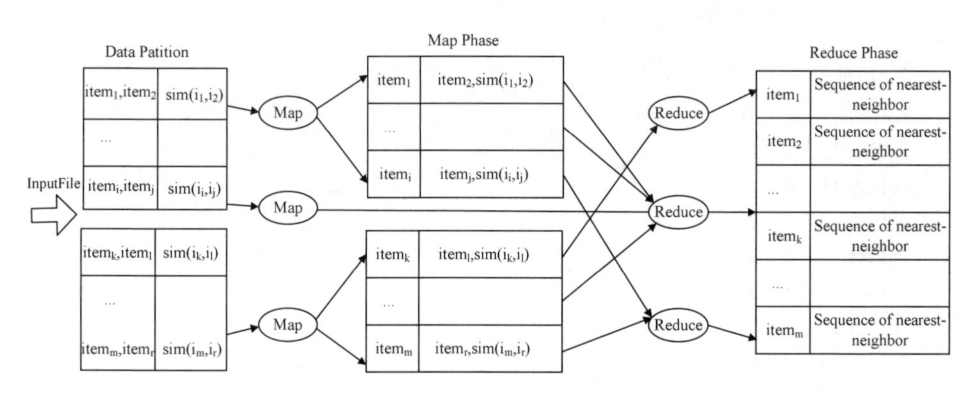


图 2-6　项目间相似度排序 MapReduce 流程图

reduce 函数输出<key,List(value)>即<$item_{id}$,List(similarity)>，并将 List(similarity) 值按相似度大小排序，所有项目的 List(similarity)构成项目最近邻矩阵 ***M***。存储<$item_{id}$,List(similarity)>到 HDFS 上。

利用公式（2-4）预测评分，将上面的输出结果构成项目相似度矩阵 ***M***。以 MapReduce 化方式进行矩阵相乘 ***R***\`×***M***，将结果填充到 ***R***\`中得到新用户评分矩阵 ***R***\`\`。

完成预测评分并填充到原评分矩阵后，现在已经得到了足够的评分数据，计算用户间最近邻居集的 MapReduce 过程与计算项目间最近邻居集类似，本节不再赘述。

2. 算法实现举例

下面以一个小评分数据集（表 2-2）来说明 MapReduce 算法并行过程的数据流变化情况。

表 2-2　一个模拟小数据表

| user/item | $i_1$ | $i_2$ | $i_3$ | $i_4$ |
|---|---|---|---|---|
| $u_1$ | 5 | | 2 | 3 |
| $u_2$ | 2 | 2 | 3 | 1 |
| $u_3$ | | | | |
| $u_4$ | 2 | 5 | | 5 |

（1）第一个 MapReduce 阶段。

Map 输入<key,value>为：

<offset,{1　1　5}>
<offset,{1　3　2}>
<offset,{1　4　3}>
<offset,{2　1　2}>
<offset,{2　2　2}>
<offset,{2　3　3}>
<offset,{2　4　1}>
<offset,{3　4　1}>
<offset,{4　1　4}>
<offset,{4　2　5}>
<offset,{4　4　5}>

Map 输出<key,value>为：

<$i_1$,{$u_1$:5}>
<$i_3$,{$u_1$: 2}>
<$i_4$,{$u_1$:3}>
<$i_1$,{$u_2$:2}>
<$i_2$,{$u_2$:2}>
<$i_3$,{$u_2$:3}>
<$i_4$,{$u_2$:1}>
<$i_1$,{$u_4$:4}>
<$i_2$,{$u_4$:5}>
<$i_4$,{$u_4$: 5}>

Reduce 输入<key,value>为：

$<i_1,\{u_1:5,u_2:2,u_4:4\}>$

$<i_2, \{u_2:2,u_4: 5\}>$

$<i_3, \{u_1:2,u_2: 3\}>$

$<i_4, \{u_1:3,u_2:1,u_4: 5\}>$

Reduce 输出<key,value>为：

$<i_1,\{u_1:1.33,u_2:-1.67,u_4:0.33\}>$

$<i_2, \{u_2:-1.5,u_4:1. 5\}>$

$<i_3, \{u_1:-0.5,u_2: 0.5\}>$

$<i_4, \{u_1:0,u_2:-2,u_4: 2\}>$

（2）第二个 MapReduce 阶段。此阶段不需要 reduce 函数，因此可通过 job.setNumReduceTasks()函数设置 Reduce 任务个数为 0。

Map 输入<key,value>为：

$<offset, \{i_1,\{u_1:1.33,u_2:-1.67,u_4:0.33\} \quad i_2, \{u_2:-1.5,u_4:1. 5\}\}>$

$<offset, \{i_1,\{u_1:1.33,u_2:-1.67,u_4:0.33\} \quad i_3, \{u_1:-0.5,u_2: 0.5\}\}>$

$<offset, \{i_1,\{u_1:1.33,u_2:-1.67,u_4:0.33\} \quad i_4, \{u_1:0,u_2:-2,u_4: 2\}\}>$

$<offset, \{ i_2, \{u_2:-1.5,u_4:1. 5\} \quad i_1,\{u_1:1.33,u_2:-1.67,u_4:0.33\}\}>$

$<offset, \{ i_2, \{u_2:-1.5,u_4:1. 5\} \quad i_3, \{u_1:-0.5,u_2: 0.5\}\}>$

$<offset, \{ i_2, \{u_2:-1.5,u_4:1. 5\} \quad i_4, \{u_1:0,u_2:-2,u_4: 2\}\}>$

$<offset, \{ i_3, \{u_1:-0.5,u_2: 0.5\} \quad i_1,\{u_1:1.33,u_2:-1.67,u_4:0.33\}\}>$

$<offset, \{ i_3, \{u_1:-0.5,u_2: 0.5\} \quad i_2, \{u_2:-1.5,u_4:1. 5\}\}>$

$<offset, \{ i_3, \{u_1:-0.5,u_2: 0.5\} \quad i_4, \{u_1:0,u_2:-2,u_4: 2\}\}>$

$<offset, \{ i_4, \{u_1:0,u_2:-2,u_4: 2\} \quad i_1,\{u_1:1.33,u_2:-1.67,u_4:0.33\}\}>$

$<offset, \{ i_4, \{u_1:0,u_2:-2,u_4: 2\} \quad i_2, \{u_2:-1.5,u_4:1. 5\}\}>$

$<offset, \{ i_4, \{u_1:0,u_2:-2,u_4: 2\} \quad i_3, \{u_1:-0.5,u_2: 0.5\}\}>$

Map 输出<key,value>为：

$<i_1:i_2,0.831>$

$<i_1:i_3,-0.993>$

$<i_1:i_4,0.782>$

$<i_2:i_1, 0.831>$

$<i_2:i_3,1>$

$<i_2:i_4,1>$

$<i_3:i_2, 1>$

$<i_3:i_1, -0.993>$

$<i_3:i_4,-0.707>$

$<i_4:i_2,1>$

$<i_4:i_3, -0.707>$

$<i_4:i_1, 0.782>$

（3）第三个 MapReduce 阶段。此阶段将对上一步得到的相似值进行排序，得到每个项目的最近邻居项目。

Map 输入<key,value>为：

$< \text{offset}, \{i_1:i_2,0.831\}>$

$< \text{offset}, \{i_1:i_3,-0.993\}>$

$< \text{offset}, \{i_1:i_4,0.782\}>$

$< \text{offset}, \{i_2:i_1, 0.831\}>$

$< \text{offset}, \{i_2:i_3,1\}>$

$< \text{offset}, \{i_2:i_4,1\}>$

$< \text{offset}, \{i_3:i_2, 1\}>$

$< \text{offset}, \{i_3:i_1, -0.993\}>$

$< \text{offset}, \{i_3:i_4,-0.707\}>$

$< \text{offset}, \{i_4:i_2,1\}>$

$< \text{offset}, \{i_4:i_3, -0.707\}>$

$< \text{offset}, \{i_4:i_1, 0.782\}>$

Map 输出<key,value>为：

$<i_1,i_2:0.831>$

$<i_2,i_1:0.831>$

$<i_1,i_3:-0.993>$

$<i_3,i_1:-0.993>$

$<i_1,i_4:0.782>$

$<i_4,i_1:0.782>$

$<i_2,i_1: 0.831>$

$<i_1,i_2: 0.831>$

$<i_2,i_3:1>$

$<i_3,i_2:1>$

$<i_2,i_4:1>$

$<i_4,i_2:1>$

$<i_3,i_2: 1>$

$<i_2,i_3: 1>$

$<i_3,i_1: -0.993>$

$<i_1,i_3: -0.993>$

$<i_3,i_4:-0.707>$

$<i_4,i_3:-0.707>$

$<i_4,i_2:1>$

$<i_2,i_4:1>$

<$i_4$,$i_3$: -0.707>

<$i_3$,$i_4$: -0.707>

<$i_4$,$i_1$: 0.782>

<$i_1$,$i_4$: 0.782>

Reduce 输入<key,value>为：

<$i_1$,{ $i_2$: 0.831,$i_3$: -0.993,$i_4$: 0.782}>

<$i_2$, {$i_1$: 0.831,$i_3$:1,$i_4$:1}>

<$i_3$, {$i_1$: -0.993,$i_2$:1,$i_4$: -0.707}>

<$i_4$, {$i_1$: 0.782,$i_2$: 1,$i_3$: -0.707}>

Reduce 输出<key,value>为：

<$i_1$,{ $i_2$: 0.831, $i_4$: 0.782,$i_3$: -0.993}>

<$i_2$,{ $i_3$:1,$i_4$:1, $i_1$: 0.831}>

<$i_3$, { $i_2$:1,$i_4$: -0.707,$i_1$: -0.993}>

<$i_4$, { $i_2$: 1, $i_1$: 0.782, $i_3$: -0.707}>

到此为止，就可以得到每个项目的最近邻，然后建立项目的最近邻矩阵 ***M***，见表 2-3。

表 2-3 项目的最近邻居表

| item/item | $i_1$ | $i_2$ | $i_3$ | $i_4$ |
|---|---|---|---|---|
| $i_1$ | 1 | 0.831 | –0.993 | 0.782 |
| $i_2$ | 0.831 | 1 | 1 | 1 |
| $i_3$ | –0.993 | 1 | 1 | –0.707 |
| $i_4$ | 0.782 | 1 | –0.707 | 1 |

# 2.4 实验评测及分析

## 2.4.1 实验平台

Hadoop 集群搭建的主要步骤包括 Linux 系统的安装、网络配置、JDK 的安装、SSH 免密码登录、Hadoop 的安装及配置等。

实验的 Hadoop 平台由 8 台虚拟 PC 构成，平台详细的软件、硬件环境见表 2-4 和表 2-5。

表 2-4 软件环境

| 软件 | 版本 |
| --- | --- |
| 操作系统 | Ubuntu 12.04 |
| JDK | 1.6.0_30 |
| Hadoop | Hadoop 1.0.3 |

表 2-5 硬件环境

| 名称 | 数量 | 规格 |
| --- | --- | --- |
| PC | 8 | 4GB 内存；4 核 CPU；500GB 硬盘 |
| 网络环境 | 1 | 100MB 交换机 |

1. Hadoop1.0 平台简介

云计算作为当下 IT 行业最热门的技术之一，是伴随网络通信、分布式计算、存储技术综合发展而产生的一种崭新的共享资源式计算模型。Hadoop 是 Apache 旗下一个能够对大量数据进行分布式处理的软件框架，具有可靠、高效、可伸缩的特点。Hadoop 基于 Java 语言开发，在 Linux 系统上运行，允许用户通过大量的廉价计算机设备部署分布式计算平台，并且可以方便地按需求动态扩充集群，以保证强大的计算和存储能力，完成海量数据的处理。作为开源的云计算模型，Hadoop 是对 Google 云计算核心部分 GFS（Google File System）和 GMR（Google MapReduce）的开源实现，并且已形成自己完备的生态系统，成为商业大数据处理领域事实上的标准[98]。

如图 2-7 所示，Hadoop 主要由以下 9 个子项目组成。

（1）HDFS 是一个分布式文件系统，数据访问吞吐量大且具有高度容错机制，可运行在低成本的通用硬件上，适用于大数据的处理，是 Hadoop 体系环境中数据存储管理的基础。

（2）MapReduce 是 Hadoop 生态系统中的一个大数据处理模型，作为 Hadoop 的核心计算机制，其处理特点非常适用于由许多性能普通的计算机构成的分布式集群环境中进行并行数据计算。

（3）Hive 是基于 HDFS 与 MapReduce 的数据仓库，通过将用户的查询命令转化为适用 MapReduce 任务处理的方式在 Hadoop 上执行，最初用于解决海量结构化日志数据的统计问题，通常用于离线分析。

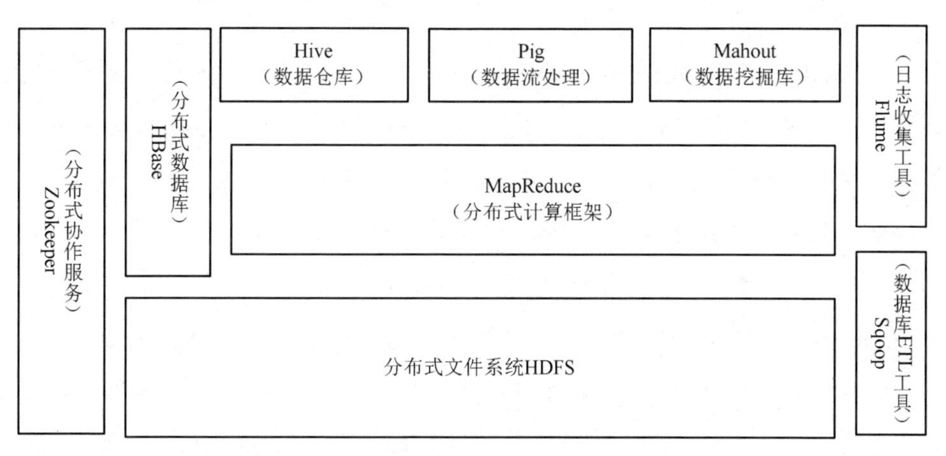


图 2-7　Hadoop 项目结构图

（4）HBase 是 Hadoop 的数据库，以 HDFS 为基础提供了对大规模数据的随机读写访问功能，是一个适合存储半结构/非结构化数据的面向列的大规模结构化存储库。

（5）Zookeeper 是解决 Hadoop 生态系统统一命名、状态同步、集群管理、配置同步等数据管理问题的分布式协作服务。

（6）Sqoop 是一个数据源导入/导出工具，是连接传统数据库和 HDFS 的媒介，主要用于两者之间的数据传输。

（7）Pig 是基于 Hadoop 的数据流系统，作为一种基于 MapReduce 的数据分析工具，其一般用于离线分析方面。

（8）Flume 是一个分布式、可靠和高可用的海量日志采集、聚合和传输的系统。支持在日志系统中定制各类数据发送方，用于收集数据；同时，Flume 具有对数据进行简单处理，并写到各种数据接收方（如文本、HDFS、HBase 等）的能力。

（9）Mahout 是 ASF（Apache Software Foundation）旗下的一个开源项目，提供了一些经典的机器学习的算法（聚类、分类、推荐引擎、频繁子项挖掘），旨在帮助开发人员更加方便快捷地创建智能应用程序。例如，可以用 Mahout 来构建推荐系统，Mahout 完整地封装了“协同过滤”算法，并实现了并行化，提供了非常方便使用的 API 接口。

2. HDFS 简介

HDFS（Hadoop Distribute File System）是 Hadoop 平台的分布式文件系统，采用 Master/Slave 架构形式。通过数据流式访问、简单的一致性模型和移动计算等技术保证了高吞吐量的数据访问能力，具有高度容错性和强大的存储扩展能力，可以部署在大量性能普通的计算机上，适合处理现阶段的海量数据信息。HDFS 由一个 NameNode 主节点和一定数目的 DataNode 子节点组成，作为 Master 的 NameNode 节点存放文件的元数据，通过 Namespace 镜像文件（Namespace image）和操作日志文件（edit log）管理目录和文件的元信息，提供文件访问服务，接收客户端的打开、关闭等文件操作命令。作为 Slave 的多个 DataNode 共同存储实际数据并配合 NameNode 完成客户端的各种文件操作请求，每个 DataNode 管理自己所在节点上存储的块数据及其元信息。实际上，一个文件被切分成多个 Block 块，并分别存储在不同的 DataNode 节点上。HDFS 采用冗余备份的方式对每个 Block 块复制多个副本存放在不同 DataNode 节点上，以便出现问题时进行数据恢复。NameNode 根据每个 DataNode 定期发送的心跳（heartbeat）信息对 DataNode 进行监听，根据心跳报告组织块映射及文件系统元数据。如果在规定的时间间隔内没能获取某个 DataNode 发送的心跳报告信息，则从冗余备份的 DataNode 节点上复制备份数据，以保证数据的整体完整有效。客户端在对文件进行访问时由 NameNode 获取文件相关信息，然后和 DataNode 一起进行文件 I/O 操作，完成数据读写任务。HDFS 体系结构如图 2-8 所示[99]。

3. MapReduce 概述

MapReduce 是近年来由 Google 公司设计发明的一种能高效地并发处理海量数据的分布式并行模型，通过集群平台处理数据切片、任务分配、负载均衡、错误处理、通信等并行计算中的复杂问题。开发者可以集中精力进行程序开发，使得并行编程更加容易，因此大大提高了工作效率。MapReduce 模型的核心是由用户自己实现的 map 和 reduce 函数，其编程过程很简单，就是把问题分解为 Map

（映射）和 Reduce（归约）阶段，每个阶段都是按一定规则，利用一个输入 key/value 对产生一个输出 key/value 对。适合 MapReduce 处理的数据需要可以切分成许多小数据，每个小数据都可以单独并行处理。首先 split 函数按一定方法将输入数据切分成不同数据块，然后把切割后的小数据块分配给集群中的各个节点进行分布式运算。每个节点执行 Map 任务，由输入对产生中间 key/value 对。最后集群架构把所有节点 Map 阶段产生的中间结果按 key 值，分发给不同 reduce 函数处理，由 reduce 函数合并相同 key 的 value 值，得到最终结果。

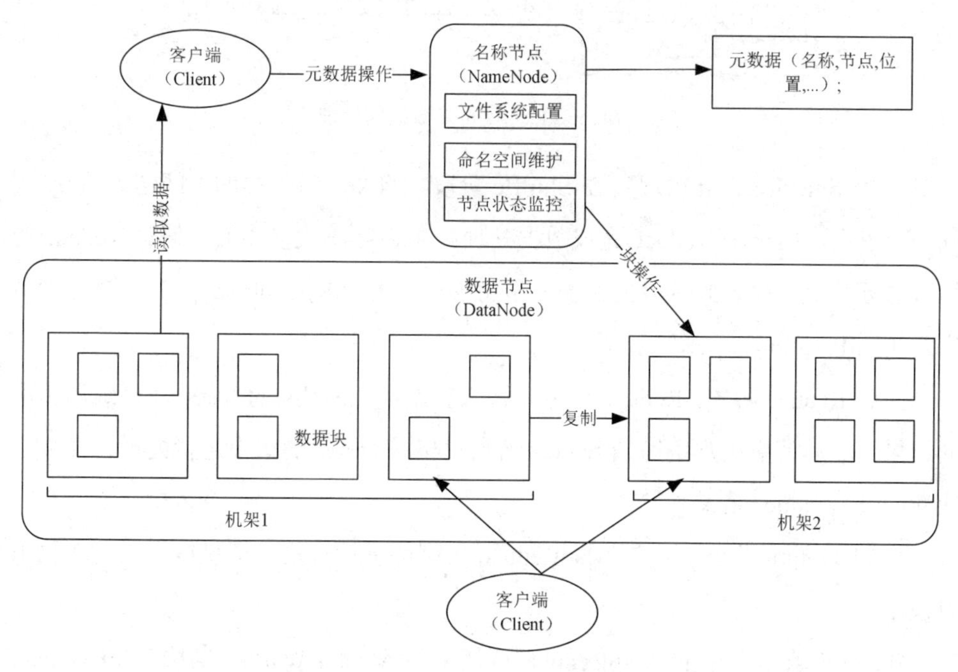


图 2-8　HDFS 体系结构图

MapReduce 模型对数据的处理流程如图 2-9 所示。

（1）Input 阶段：用户编写 Map、Reduce 程序，并指定输入/输出文件的位置信息及其他参数，在该阶段由 split 函数把输入路径下的文件 split 为若干独立的小文件（splits）。

（2）Map 阶段：Map 任务以<key,value>对的格式读取源于 HDFS 的 splits 数据块，然后调用用户编写的 map 函数处理每一个<key,value>对完成 map 操作，最终生成中间结果<key,value>对。

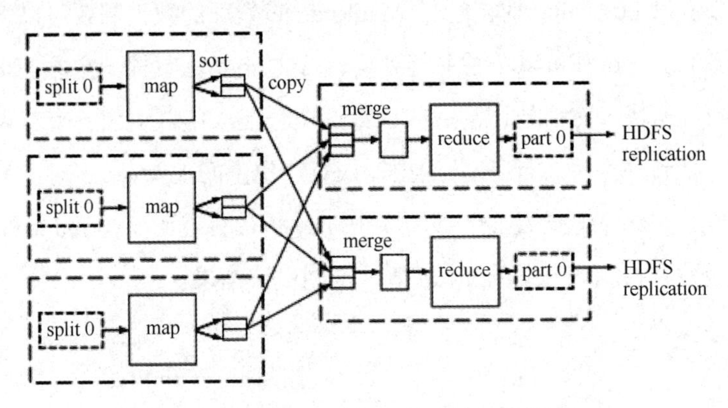


图 2-9 MapReduce 模型对数据的处理流程

（3）Shuffle&Sort 阶段：在 Shuffle 阶段，将 key 值一样的中间结果 copy 到同一节点上，由一个 Reduce 完成数据处理；在 Sort 阶段按照 key 值对 Reduce 的输入进行分组排序。此阶段的目的在于将 key 值相同的中间<key,value>对存到节点的相同 Partition。

（4）Reduce 阶段：Reduce 任务以输入参数是<key,(list of values)>格式遍历中间结果，然后调用用户编写的 reduce 函数对相同 key 值的结果进行处理，最终生成新的<key,value>结果。

（5）Output 阶段：作为 MapReduce 模型的最后阶段，把最终结果写入输出目录中。

Hadoop 云平台中的 MapReduce 框架采用 Master/Worker 结构。JobTracker 是一个运行在主节点上的 Master 服务，负责将 Map/Reduce 任务分发给空闲的 TaskTracker，完成集群作业的启动、调度和管理。在接收 Job 后，JobTracker 将调度 Job 子任务运行于 TaskTracker 上，并监控运行状态。运行在许多从节点上的 TaskTracker 在接收到 JobTracker 的指令后开始执行任务，并且还需定期通过心跳机制进行通信，报告任务状态。JobTracker 如果检测到 TaskTracker 运行失败，就需要重新分配 Task 给新的 Slave 节点执行[99]。MapReduce 执行流程图如图 2-10 所示。

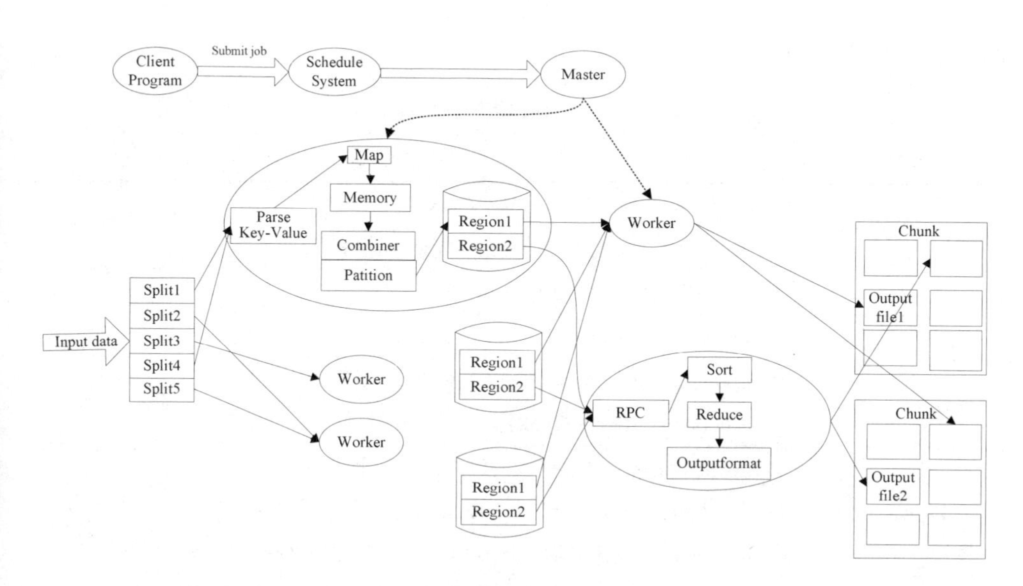


图 2-10 MapReduce 执行流程图

4. 实验环境设置

本节实验用到的 Hadoop 集群是从 8 个节点中选择其中一个作为主节点（Master），其余的作为从节点（Slave）。集群的主、从节点的角色以及各个节点的 IP 地址分配见表 2-6。

表 2-6 集群节点规划表

| 节点名 | Role | IP |
|---|---|---|
| Master | NameNode/JobTracker | 115.24.95.30 |
| Slave1 | DateNode/TaskTracker | 115.24.95.31 |
| Slave2 | DateNode/TaskTracker | 115.24.95.32 |
| Slave3 | DateNode/TaskTracker | 115.24.95.33 |
| Slave4 | DateNode/TaskTracker | 115.24.95.34 |
| Slave5 | DateNode/TaskTracker | 115.24.95.35 |
| Slave6 | DateNode/TaskTracker | 115.24.95.36 |
| Slave7 | DateNode/TaskTracker | 115.24.95.37 |

Hadoop 集群的配置文件存放在其安装目录下的 conf 目录，根据需求的不同采用合适的参数配置可以在一定程度上提高集群的性能，本集群一些主要配置文

件的参数设置见表 2-7。

表 2-7 Hadoop 集群参数配置表

| 配置文件名 | 主要参数设置 |
| --- | --- |
| hadoop-env.sh | 1．配置 Jdk 的安装目录 JAVA_HOME；<br>2．设置 java 虚拟机堆内存 heap 的最大值 |
| masters | 主节点的主机名或 IP 地址 |
| slaves | 从节点的主机名或 IP 地址 |
| core-site.xml | 1．fs.default.name 设置 HDFS 文件系统的访问地址；<br>2．hadoop.tmp.dir 设置临时文件存放的目录 |
| hdfs-site.xml | 1．dfs.replication 设置副本的份数，本集群设置为 2；<br>2．dfs.block.size 设置 block 的大小，本集群取默认值 64MB；<br>3．dfs.data.dir 设置 HDFS 文件系统的具体存储目录 |
| mapred-site.xml | 1．mapred.job.tracker 设置集群对 mapreduce 任务进度的访问地址；<br>2．mapred.compress.map.out 设置 map 输入的中间结果是否压缩，本集群设置为 true；<br>3．mapred.map.output.compression.code 设置 map 结果的压缩格式；<br>4．io.sort.mb 设置 map 输出结果在内存中占用 buffer 的大小，默认为 100MB，本集群设置为 200MB |

### 2.4.2 实验评测及分析方法

1．填充算法的评测及分析

本节中的实验采用 ml-100k 数据集，每份数据集都按 4:1 分成训练集“.base”和测试集“.test”两个部分。为了更加准确地比较改进后的算法较传统协同过滤推荐算法在推荐精度方面上的提升，实验使用数据集中自带的脚本程序将数据集随机分成三组并进行三次对比实验，从而减少单次实验可能存在的不确定性对结果造成的影响。

由图 2-11～图 2-13 所示的三组对比实验的结果可以看出，与传统的基于用户的协同过滤算法相比，针对不同的最近邻个数 $k$，填充后的算法计算得到的 $MAE$ 值更小。在最近邻个数 $k$ 取 40 时，填充后算法相较未填充算法 $MAE$ 值减小了

0.052。这说明采用数据预填充的方法处理原始矩阵，将基于项目和基于用户的协同过滤推荐算法结合起来可以提高推荐精度。因为填充后的原始矩阵为算法的计算提供了足够的数据支持，使得用户间的共同评分项目增多，一定程度上解决了整体数据的稀疏性问题，有利于更准确地寻找最近邻居，因此提高了预测评分的准确性和推荐质量。

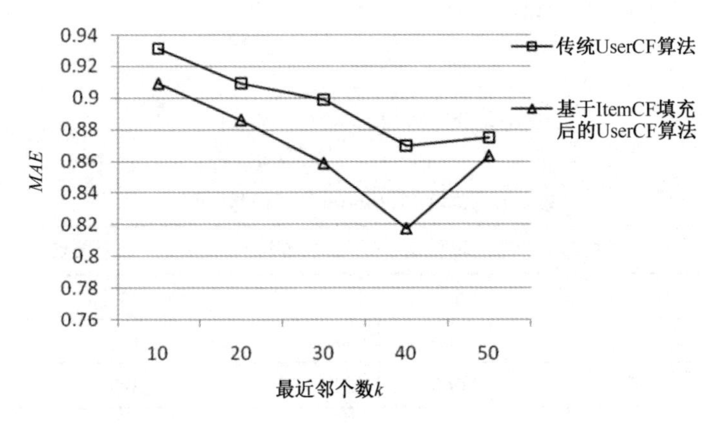


图 2-11 实验一 *MAE* 值对比图

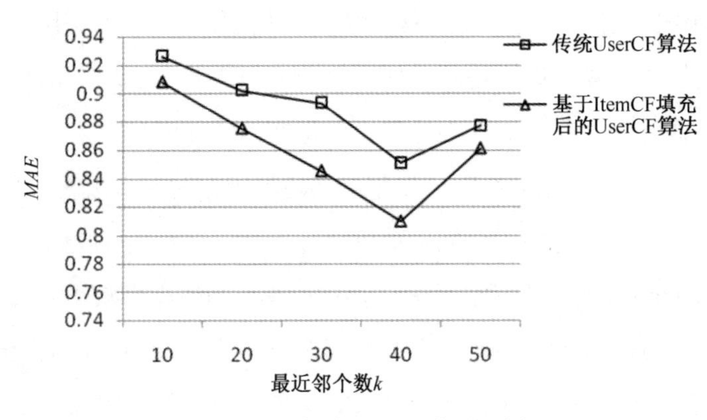


图 2-12 实验二 *MAE* 值对比图

2. Hadoop 集群与单机运行效率对比评测

本节将分别在不同的数据集上进行实验，对 Hadoop 集群（节点配置见表 2-6）与单个 PC 进行系统运行时间性能的对比，实验结果见表 2-8。

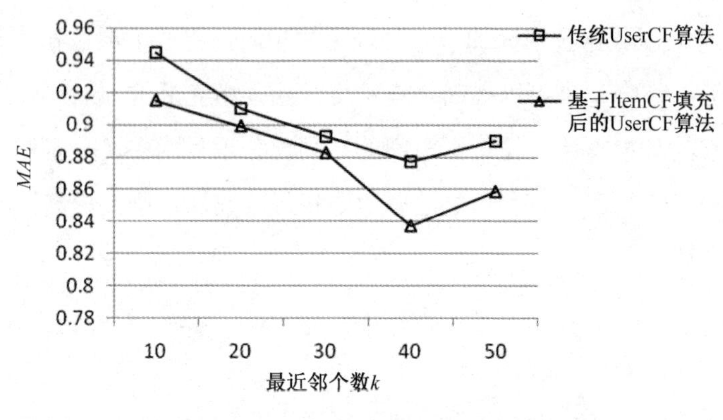


图 2-13　实验三 *MAE* 值对比图

表 2-8　单机与 Hadoop 集群时效对比

| 数据集 | 用户数 | 项目数 | 单机版耗时/min | 7 个节点集群耗时/min |
|---|---|---|---|---|
| ml-100k | 943 | 1682 | 21 | 43.8 |
| ml-1M | 6040 | 3900 | 468 | 103 |
| ml-10M | 71567 | 10681 | 溢出 | 3976 |

从实验结果可以总结出以下三个结论。

（1）在单机环境下，随着数据集的增大算法性能越来越低，且呈现出明显下降趋势。出现这种现象的原因是随着处理数据集的增大，单台计算机的 CPU、内存和硬盘等资源迅速消耗，无法为计算提供足够的硬件资源支持导致性能下降。

（2）在处理的数据集较小时，以集群环境处理相对单机版耗费更多的时间，也就是说，集群在效率方面反而低于单机执行方式，这是由 Hadoop 集群的特点所决定的，Hadoop 集群并非适合所有情况的处理。当数据集较小时，由于集群创建、启动作业（job）都需要耗费时间，而且各个节点之间通信也需要时间，尤其在很小的数据集情况下，由于集群启动及各个节点协作的时间高于处理数据所需时间，实际业务处理时间占系统总消耗时间的比例很小，这样就会出现 Hadoop 集群所用计算时间大于单机环境所用时间的问题。

（3）随着数据集的增大，Hadoop 集群处理能力相对于单机环境明显提升，运行速度大大加快，并且随着数据集的进一步增大，Hadoop 集群仍能发挥出较高的性能水平，而单机环境却出现内存不足、溢出从而无法运行的情况。

## 2.5 小结

推荐算法作为推荐系统的关键，决定着系统的推荐质量，协同过滤算法已被广泛应用到各大推荐系统中，成为最成功的推荐技术之一。然而，受限于自身的一些特性，协同过滤推荐算法也存在一定的问题，原始数据的极端稀疏使得利用传统协同过滤算法计算得到的相似度不准确，降低了算法的推荐精度。除此之外，传统算法面临计算效率不高、存储空间不够等一系列严重问题，这些问题已成为制约其发展的主要瓶颈。在对协同过滤算法进行深入研究的基础上，本章主要的研究内容如下。

（1）针对数据稀疏性问题，本章采用基于项目相似度的预测评分方法，将预测数据填充到原始评分矩阵中以达到一定程度上解决数据稀疏性问题的目的，为算法提供足够的数据支持。实验结果显示，此方法提高了推荐系统的精度。

（2）把改进后的算法在 Hadoop 平台上实现，利用云平台强大的计算和存储能力解决传统算法面临的严重扩展性问题。实验结果显示，集群处理大数据的能力以及算法的并行能力大幅提升。

# 第 3 章　*K*-means 聚类算法

## 3.1　*K*-means 聚类算法的简介和特点

### 3.1.1　*K*-means 聚类算法简介

聚类（Clustering）是将数据分到不同的类或者簇的一个过程，所以同一个簇中的对象有很大的相似性，而不同簇间的对象有很大的相异性。聚类是一种无监督的学习，组内相似性越大，组间差别越大，聚类效果越好。聚类分析是一种探索性的分析，在分类的过程中，不必事先给出一个分类的标准，它能够从样本数据出发，自动进行分类。目前主要的聚类算法包括基于划分的方法、基于层次的方法、基于密度的方法等[100]。

*K*-means 算法属于基于划分的聚类方法，也是使用最广泛的聚类算法。*K*-means 算法又称为 *K* 均值算法，算法以 *K* 作为输入参数，把具有 *n* 个对象的集合分为 *K* 个类簇，使得不同类簇间的相似度低，而相同类簇内的相似度高。

通常 *K*-means 算法采用平方误差作为判断收敛的准则函数，如公式（3-1）所示。

$$E = \sum_{i=1}^{K} \sum_{p \in C_i} |p - m_i|^2 \tag{3-1}$$

式中：$K$ 为聚类参数；$p$ 为给定的对象在空间中的坐标（向量）；$C_i$ 为类簇；$m_i$ 为簇 $C_i$ 的均值。

*K*-means 聚类算法的流程图如图 3-1 所示。

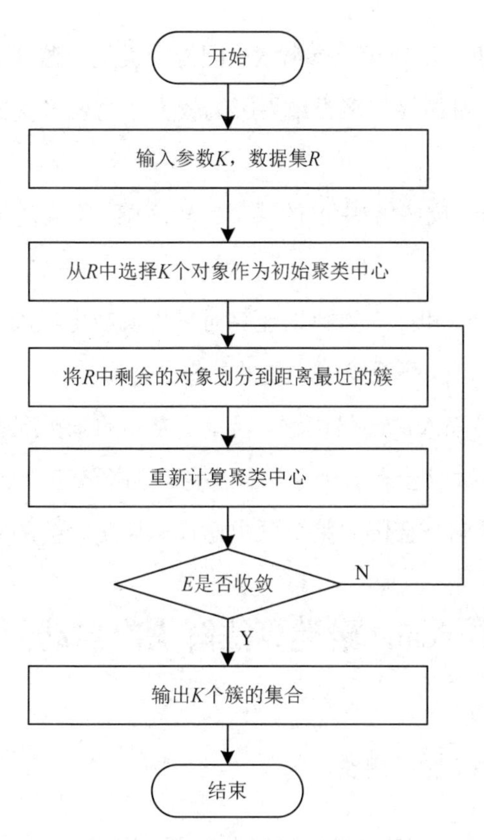


图 3-1　K-means 聚类算法的流程图

### 3.1.2　K-means 聚类算法特点

作为应用最广泛的聚类算法，K-means 聚类算法的主要特点如下[101]。

1. 主要优点

（1）算法执行起来比较简单、快速。

（2）算法可以高效率地处理大数据集。

（3）当聚类结果簇间区别明显、类簇内相对密集，它的聚类效果较好。

2. 主要缺点

（1）K-means 算法偏向于识别球形或类球形结构的簇，对非凸形状的类簇识别效果差。

（2）聚类前必须事先给出聚类参数 $K$。因为聚类是无监督学习，需要人为地给出聚类个数 $K$，且 $K$ 对最终的聚类结果影响较大，需要多次试验才能确定最佳的聚类个数。

（3）聚类结果对于初始聚类中心的选择比较敏感。不同的初始聚类中心得到的聚类结果差异较大。

（4）少量的“噪声”和孤立点数据能够对平均值产生极大的影响。偏离簇中心的大多数孤立点数据可能严重影响均值的计算。

（5）聚类结果容易陷入局部最优解。误差平方和的聚类准则函数在空间上是一个非凸函数，虽然函数只会有一个全局最小值，但会有若干局部最小值，初始聚类个数 $K$ 值及变化方向是会影响整个聚类迭代结果是否会陷入局部最优的。

## 3.2 *K*-means 聚类算法解决冷启动问题

### 3.2.1 解决冷启动问题的思路

由于新用户和新项目没有历史评分数据，因此不能利用传统协同过滤推荐算法通过计算相似度从而求出最近邻居集并最终产生推荐。本节基于用户特征和项目属性分别进行 *K*-means 聚类，并产生用户聚类模型和项目聚类模型，从而将用户和项目分成若干类簇，以每个簇的中心用户特征和项目属性代表整个类簇。对于没有评分数据的新用户，通过计算新用户和用户聚类模型的所有簇中心点的欧氏距离，确定新用户所属类簇，然后在簇内通过余弦相似度计算用户间属性相似度，查找新用户的最相似用户，最后将新用户的最相似用户的推荐项目推荐给新用户。同理，对于没有评分数据的新项目，通过计算新项目和项目聚类模型中所有簇中心点的距离，确定新项目属于哪个簇，然后在簇内通过余弦相似度计算项目间属性相似度，查找新项目的最相似项目，最后将新项目的最相似项目推荐给用户，并将新项目推荐给这些用户，以此解决新项目的冷启动问题。

### 3.2.2 *K*-means 聚类算法实现

传统的 *K*-means 算法在确定聚类参数 *K* 后，随机选取 *K* 个元素作为初始聚类中心点，这样容易使聚类结果陷入局部最优解。因此，本节通过实验确定最佳聚类参数 *K* 后，利用 weka[102]对数据集进行 SimpleKMeans 算法处理，从而得到参数 *K* 下的聚类中心点集合 *C* 和聚类模型。由于 *C* 内各点在大多数情况下不是数据集上的点，因此结合数据集和 *C*，计算数据集中与 *C* 内各点欧氏距离最近的数据集合 $D_0$，把 $D_0$ 作为 *K*-means 初始聚类中心点。通过这种方法得出了基于用户特征和项目属性分别进行聚类的初始聚类中心点集合 $U_0$ 与 $I_0$。

下面对新用户冷启动问题的解决方法进行详细介绍，由于与对新项目冷启动问题的解决方法类似，本节不再赘述。

在进行聚类时，本节利用欧氏距离计算用户特征相似性，距离越小，说明两个用户越相似。欧氏距离是一个经常采用的距离定义，指在 *n* 维空间中两个点之间的真实距离。计算 *n* 维空间中两个点 $a_1(x_1,y_1,\ldots,n_1)$和 $a_2(x_2,y_2,\ldots,n_2)$之间的欧氏距离，如公式（3-2）所示。

$$d=\sqrt{(x_1-x_2)^2+(y_1-y_2)^2+\cdots+(n_1-n_2)^2} \tag{3-2}$$

### 3.2.3 数据预处理

为了使用欧氏距离计算基于用户属性的相似性，并用余弦相似度计算类簇内用户相似度，需要对用户属性数据进行预处理。

将文本类型的用户属性信息（表 3-1）离散化处理转换成数值型数据，见表 3-2～表 3-4。

表 3-1 用户属性信息表

| userid | age | gender | occupation | zipcode |
|---|---|---|---|---|
| 1 | 24 | M | technician | 85711 |
| 2 | 53 | F | other | 94043 |
| … | … | … | … | … |

表 3-2 用户年龄阶段信息表

| ageStageNum | ageStage |
|---|---|
| 0 | Under 18 |
| 1 | 18～24 |
| 2 | 25～34 |
| 3 | 35～44 |
| 4 | 45～49 |
| 5 | 50～55 |
| 6 | 56+ |

表 3-3 用户性别信息表

| genderNum | gender |
|---|---|
| 0 | F |
| 1 | M |

表 3-4 用户职位信息表

| occupationNum | occupation |
|---|---|
| 0 | other or not specified |
| 1 | academic/educator |
| 2 | artist |
| 3 | clerical/admin |
| 4 | college/grad student |
| 5 | customer service |
| 6 | doctor/health care |
| 7 | executive/managerial |
| 8 | farmer |
| 9 | homemaker |
| 10 | student |
| 11 | lawyer |
| 12 | programmer |
| 13 | retired |
| 14 | sales/marketing |
| 15 | scientist |

续表

| occupationNum | occupation |
|---|---|
| 16 | self-employed |
| 17 | technician/engineer |
| 18 | tradesman/craftsman |
| 19 | unemployed |
| 20 | writer |

将用户属性信息离散化处理后，可以得到用户特征矩阵，见表 3-5。

表 3-5 用户属性信息矩阵

| userid | age | gender | occupation |
|---|---|---|---|
| 1 | 1 | 1 | 17 |
| 2 | 5 | 0 | 0 |
| … | … | … | … |

### 3.2.4 解决新用户冷启动问题的过程

解决新用户冷启动问题的推荐算法流程图如图 3-2 所示。

解决新用户冷启动问题的推荐算法描述如下。

输入：用户特征矩阵 $\boldsymbol{U}$、填充后评分矩阵 $\boldsymbol{R}'$、聚类参数 $K$、初始聚类中心 $U_0$、新用户 $u_0$ 特征信息（uid,age,gender,occupation）、最近邻个数 $k$、推荐项目个数 $N$。

输出：对新用户 $u_0$ 的 Top-$N$ 推荐。

步骤 1 将 $U_0$ 中的 $K$ 个用户作为初始 $K$-means 聚类中心点。

步骤 2 利用公式（3-2）分别计算 $\boldsymbol{U}$ 上其他用户与初始中心点的欧氏距离，将 $\boldsymbol{U}$ 上其他用户都划分到最相似的类簇。

步骤 3 重新计算聚类中心，即重新计算每个有变化聚类的均值。

步骤 4 重复步骤 2、步骤 3，直到准则函数 $E$ 收敛，即聚类中心不再发生变化，得到最终聚类中心点集 $U_n$，即得到最终的用户聚类模型。

步骤 5 根据新用户 $u_0$ 特征数据计算与 $U_n$ 上其他用户的欧氏距离，并将其划分到距离最近的聚类中心点所在类簇。

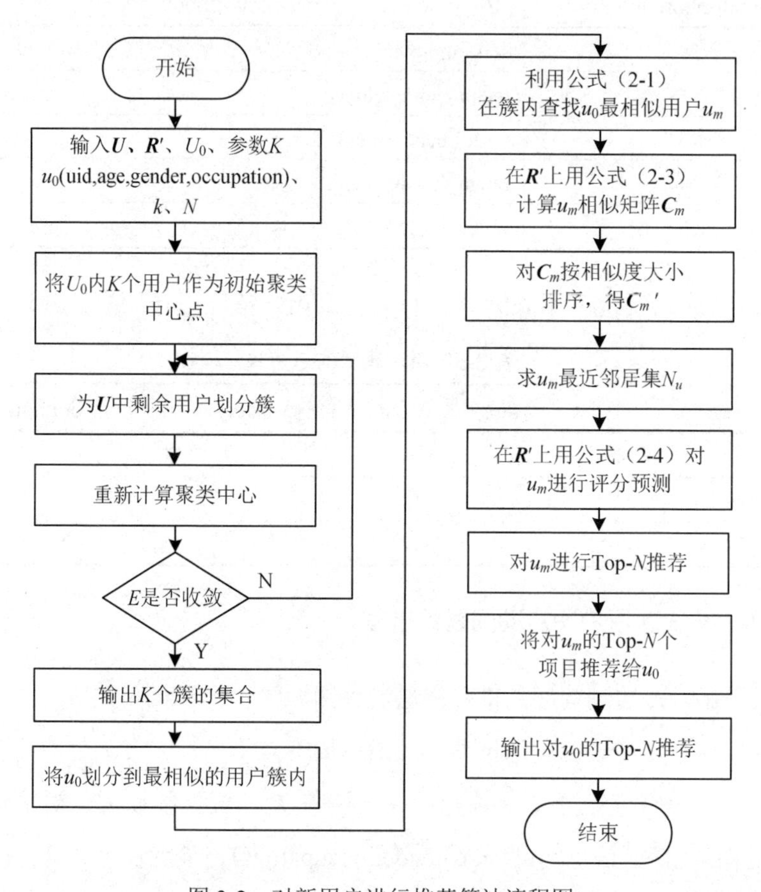


图 3-2　对新用户进行推荐算法流程图

步骤 6　在被划分到的类簇内利用公式（2-1）查找新用户 $u_0$ 最相似的用户，即余弦相似度最大的用户 $u_m$。

步骤 7　在 $\boldsymbol{R}'$上用公式(2-3)计算用户 $u_m$ 和其他用户之间的相似度 $sim(u_m,u_n)$，得到用户 $u_m$ 相似矩阵 $\boldsymbol{C}_m$。

步骤 8　对 $\boldsymbol{C}_m$ 按相似度大小排序，得到排序后的项目最近邻矩阵 $\boldsymbol{C}_m'$。

步骤 9　通过最近邻矩阵 $\boldsymbol{C}_m'$获取前 $k$ 个用户组成最近邻居集 $N_u$。

步骤 10　在 $\boldsymbol{R}'$上，利用公式（2-4）对用户 $u_m$ 未评分项目进行评分预测。

步骤 11　把对用户 $u_m$ 未评分项目预测评分最高的 Top-$N$ 项目推荐给用户 $u_m$。

步骤 12　把评分最高的 Top-*N* 项目推荐给新用户 $u_0$。

其中，对用户特征矩阵进行 *K*-means 聚类算法实现的伪码如下。

```
Begin
/*将 U0 中的 K 个用户选为初始的 K 个中心点*/
List new_Center_list = Select_init_Center0(U0, K);
do {
Center_list = new_Center_list;
    for each u in U {
      for each (center in Center_list) {
           double distance = Calculate_distance(u, center);
           if(best_center.distance > distance) {
               best_center.distance = distance;
               best_center.class = center.tag;
             }
           }
           clustering_list.Add(u);
       }
       new_Center_list = Relocate_ Center0 (clustering_list, Center_list, K);
    } while(!Is_center_stable(new_Center_list, Center_list));
    return clustering_list;
End
```

## 3.3　*K*-means 聚类算法的并行化

对新用户进行 Top-*N* 推荐的 MapReduce 过程主要包括三大部分：第一部分是用户聚类模型的生成；第二部分是在聚类模型中查找新用户所属类簇，并在所属类簇内进行最相似邻居查找；第三部分是对新用户最相似邻居进行推荐并将推荐结果推荐给新用户。本节就解决新用户冷启动问题的第一部分进行详细介绍。

生成用户聚类模型的 MapReduce 主要分为三个阶段[103]。

（1）扫描用户特征矩阵 $\boldsymbol{U}$ 中所有的点，将 $U_0$ 内的 $K$ 个用户作为初始聚类中心。

（2）各个 map 函数读取存储在本地的数据集，用 *K*-means 聚类算法生成聚类簇，最后在 Reduce 阶段用若干聚类簇生成新的全局聚类中心。重复第二阶段直到满足算法结束条件。

（3）根据最终生成的聚类中心对所有的数据进行划分聚类。获得了最终的聚类中心后，依据所获得的聚类中心，扫描用户特征矩阵 $\boldsymbol{U}$ 中所有数据，将每个数据点划分到距离最近的聚类中心所属的簇中。

本节着重介绍 MapReduce 过程的第二阶段。第二阶段开始之前，每个 Map 函数首先需要在 setup( )方法中读入上一轮迭代中产生的簇信息。这个阶段一共迭代了 11 次，以下给出第一次迭代的过程。

---

Map 过程：

输入：<offset, 簇 id, 初始聚类中心(用户特征向量) >，<offset, 用户特征矩阵>。

输出：<簇 id, 用户特征向量>。

步骤：将 $U_0$ 的 $K$ 个用户作为初始聚类中心，分别计算 $\boldsymbol{U}$ 内其他用户与各个初始聚类中心的距离，通过 map 函数得出 $\boldsymbol{U}$ 内每个用户所属簇，并将每个用户所属簇 id 作为 key 值，将用户的特征向量作为 value，传递给 Combiner 处理。

---

Combiner 过程：

输入：<簇 id, List(用户特征向量) >。

输出：<簇 id, {List(用户特征向量), 簇内用户个数} >。

步骤：将 Map 阶段产生的结果进行归并，将簇 id 相同的用户归并在一起，并计算出每个簇的用户个数。将每个用户所属簇 id 作为 key 值，将簇 id 相同的所有用户特征向量和该簇的用户个数作为 value，传递给 Reduce 处理。

---

Reduce 过程：

输入：<簇 id, {list(用户特征向量), 簇内用户个数}>。

输出：<簇 id, 新的聚类中心>。

步骤：reduce 函数是全局的聚类的主逻辑，它接收来自 Combiner 的输出结果，对每个簇进行聚类中心点计算，得到新的聚类中心，并保存在 HDFS 上。

---

利用 Combiner 函数对 map 函数产生的结果做一次归并，以此来减轻 Map 函数向 reduce 函数的数据传输开销和 reduce 函数的计算开销。需要注意的是，Combiner 函数输出的 key 和 value 的类型必须和 map 函数输出的 key 和 value 的类型相同。在 Reduce 程序中，根据同一个簇的所有用户特征向量计算出临时簇中心，本节使用求平均值的方法实现，即将簇中所有用户特征向量相加再除以该簇内用户个数。

# 3.4 实验评测及分析

## 3.4.1 实验平台

1. Hadoop 2.0 平台

Hadoop 的版本一直在不断更新与发展，截至目前，其版本主要分为 Hadoop 1.0 和 Hadoop 2.0。两个版本在设计上均含有分布式文件系统 HDFS 和离线计算框架 MapReduce。Hadoop 2.0 版本的设计在架构上进行了重新定义，除了基本的两个组成部分外，还新加入了一个资源管理系统 YARN。其中的分布式计算框架 MapReduce 是运行在新加入的 YARN 之上。同时，Hadoop 2.0 版本相比 Hadoop 1.0 版本来说功能更加完善，该版本支持更多类型的分布式计算框架，具有更高效的扩展性能。

Hadoop 1.0 和 Hadoop 2.0 的系统架构如图 3-3 和图 3-4 所示。

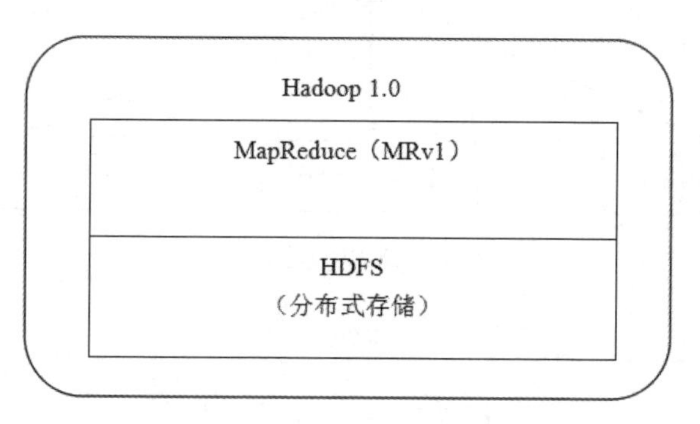


图 3-3　Hadoop 1.0 的系统架构

针对 Hadoop 1.0 中的单 NameNode 制约 HDFS 的扩展性问题，HDFS 2.0 引入了 HDFS Federation 机制，实现了访问隔离和 NameNode 节点横向扩展，同时彻底解决了 NameNode 单节点故障问题。

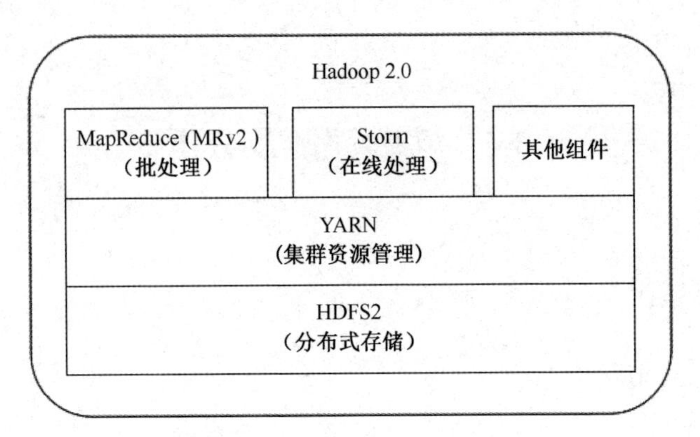


图 3-4　Hadoop 2.0 的系统架构

2. MapReduce 2.0 或 MRv2

MRv2 是在 MRv1 基础上进行加工和改进的[39]，其运行在资源管理框架 YARN 之上的 MapReduce 计算框架。它的运行环境由资源管理系统 YARN 和作业控制进程 ApplicationMaster 组成，YARN 负责对资源的管理和调度，ApplicationMaster 仅仅负责对一个作业的管理。MRv1、MRv2 的基本架构如图 3-5 和图 3-6 所示。

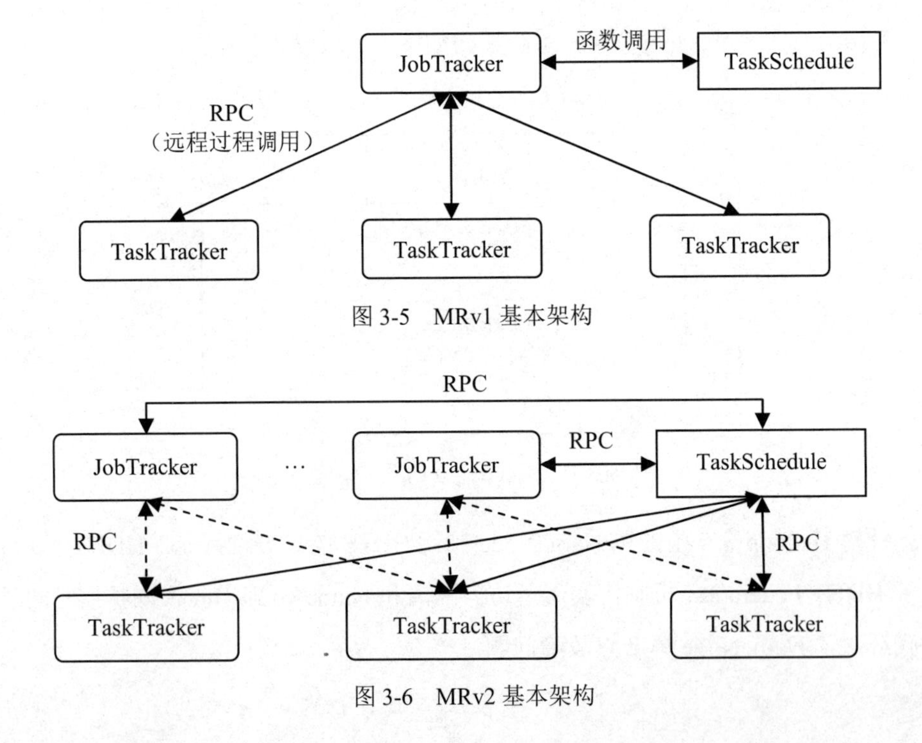


图 3-5　MRv1 基本架构

图 3-6　MRv2 基本架构

3．YARN 概述

YARN 是 Hadoop 2.0 中的资源管理系统[40]，它是一个通用的资源管理模块。YARN 是在 MRv1 的基础上演化而来的，克服了 MRv1 存在的各种局限性[39]，不仅可以支持 MapReduce 计算框架，还可以支持 Spark 和 Storm 等计算框架。下一代 MapReduce 的核心已经从只支持 MapReduce 单一计算框架转移到可以支持多个计算框架的通用资源统一管理平台 YARN 上。YARN 的基本架构如图 3-7 所示。

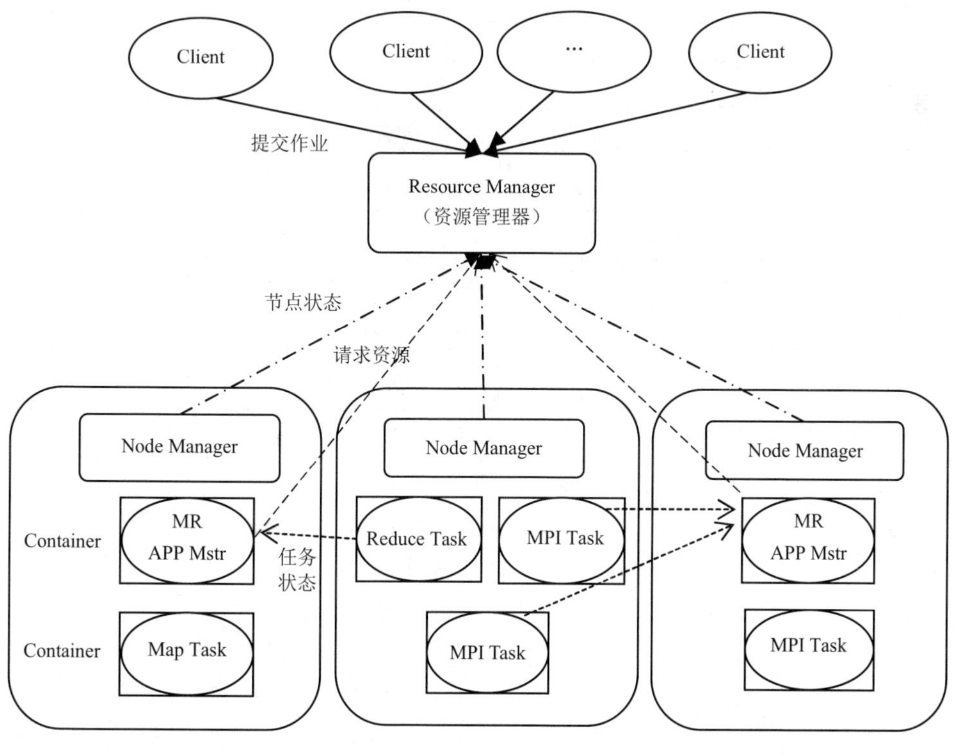


图 3-7　YARN 的基本架构

4. 系统实验环境

算法的单机环境实验是基于一台拥有 4GB 内存和 4 核 i5 处理器，安装了 Windows 7 操作系统和 Eclipse 3.7.1，并配置了 JDK 1.7.0_79 的 PC 进行的。算法 MapReduce 并行化实验是基于云平台 Hadoop 2.2.0 集群和 JDK 1.7.0_79 进行的。

Hadoop 平台由 8 台拥有 4GB 内存和 4 核 i5 处理器的 PC 构成，其中 1 台作为 Master 节点，另外 7 台作为 Slave 节点，8 台 PC 均安装了 Centos 6.5 操作系统，另有一台 PC 连接整个 Hadoop 集群，在此 PC 上安装了 Centos 6.5 操作系统和集成开发环境 Eclipse 3.7.1，并配置了 JDK 1.7.0_79。

算法的软件、硬件环境以及 Hadoop 集群节点部署见表 3-6～表 3-8。

表 3-6 软件环境表

| 软件 | 版本 |
| --- | --- |
| 操作系统 | Windows 7；Centos 6.5 |
| JDK | JDK 1.7.0_79 |
| Eclipse | Eclipse 3.7.1 |
| Hadoop | Hadoop 2.2.0 |

表 3-7 硬件环境表

| 名称 | 数量 | 规格 |
| --- | --- | --- |
| PC | 9 | 4GB 内存；4 核 i5 CPU；500GB 硬盘 |
| 网络 | 1 | 100MB 交换机 |

表 3-8 Hadoop 集群节点部署表

| 节点名 | IP |
| --- | --- |
| Master | 115.24.95.40 |
| Slave1 | 115.24.95.41 |
| Slave2 | 115.24.95.42 |
| Slave3 | 115.24.95.43 |
| Slave4 | 115.24.95.44 |
| Slave5 | 115.24.95.45 |
| Slave6 | 115.24.95.46 |
| Slave7 | 115.24.95.47 |

### 3.4.2 实验数据集

个性化推荐常用的数据集有 Movielens、Jester、EachMovie、NetFlix 等[104]。本节实验采用由 GroupLens 提供的 Movielens 电影评分数据集，这些数据主要有用户特征数据、电影属性数据和评分数据等。

Movielens 数据集一共包括以下三种数据。

（1）ml-100k：包含 943 位用户的特征信息、1682 部电影的属性信息，以及 943 位用户对 1682 部电影的 100,000 条评分数据，其中每个用户至少对超过 20 部电影评过分。

（2）ml-1M：包含 6040 位用户的特征信息、3900 部电影的属性信息，以及 6040 位用户对 3900 部电影超过 1,000,000 条的评分数据。

（3）ml-10M：包含 10681 部电影的属性信息，以及 71567 个用户对 10681 部电影超过 10,000,000 条的评分数据，其中每个用户至少对超过 20 部电影评过分。

Movielens 数据集中电影属性信息见表 3-9，评分信息见表 3-10。

表 3-9 电影属性信息表

| Movieid | Movie title | generes |
| --- | --- | --- |
| 1 | ToyStory（1995） | Animation/Children's/Comedy |
| 2 | Jumanji（1995） | Adventure/Children's/Fantasy |
| 3 | Grumpier Old Men（1995） | Comedy/Romance |
| 4 | Waiting to Exhale（1995） | Comedy/Drama |
| … | … | … |

表 3-10 评分信息表

| userid | movieid | rate | timestamp |
| --- | --- | --- | --- |
| 1 | 122 | 5 | 838985046 |
| 2 | 110 | 5 | 868245777 |
| 3 | 1246 | 4 | 1133571026 |
| 4 | 21 | 3 | 844416980 |
| 5 | 39 | 3 | 978245037 |
| … | … | … | … |

### 3.4.3 实验结果及分析

1. 不同聚类参数对推荐质量的影响实验

新用户通过 K-means 聚类模型得到其最相似用户，在评分矩阵上查找最相似用户最近邻居集，对最相似用户的推荐即为对新用户的推荐。对新用户推荐结果的验证通过清空训练集中某个用户的评分数据，利用本节中解决新用户问题的方法进行预测评分，在测试集中通过计算 *MAE* 来进行验证。本实验选用 Movielens 中的 ml-1M 数据集进行，实验结果如图 3-8 所示。

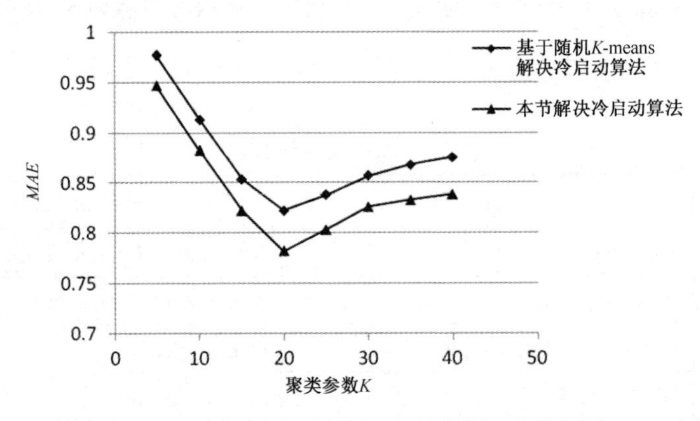


图 3-8 不同聚类参数对推荐质量的影响曲线图

由图 3-8 可知，聚类参数 *K* 对推荐算法质量的影响较大。*K* 值很大程度上决定了最终的聚类模型的准确性，而聚类模型的准确性也决定了新用户最相似邻居的准确性，从而决定了最终推荐的质量。

本节所提出解决冷启动问题的推荐算法与基于随机选择初始中心点的 *K*-means 算法相比，*MAE* 减少了 0.03，说明初始中心点的选取对聚类模型的准确性也是至关重要的。综上所述，本节提出的解决冷启动的推荐算法对提高推荐质量是有效的，当 *K* 取 20 时，推荐算法的 *MAE* 为最小值。

2. Hadoop 集群加速比实验

加速比用来验证 Hadoop 集群节点个数对计算性能方面的影响，如公式（3-3）所示。

$$Speedup=T_1/T_n \quad (3\text{-}3)$$

式中：$T_1$ 为 Hadoop 集群在单节点下运行耗费的时长；$T_n$ 为 $n$ 个节点下运行耗费的时长。

本节采用 Movielens 三个不同的数据集来进行加速比实验，结果如图 3-9 所示。

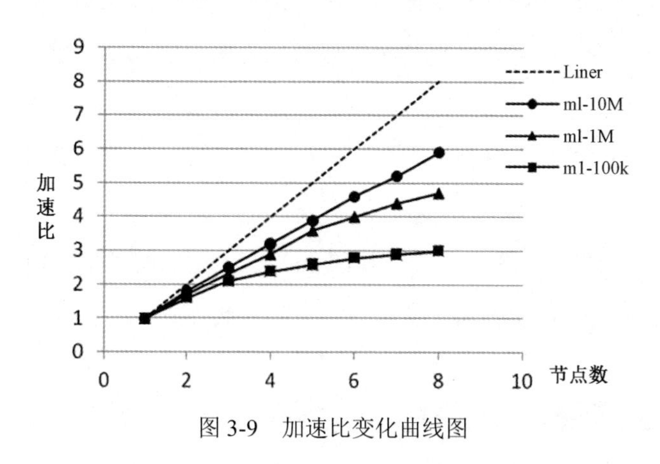


图 3-9　加速比变化曲线图

图 3-9 显示了 Movielens 三个不同数据集的加速比变化情况。算法的理想加速比是坐标轴的对角线 Liner，但是由于集群节点间通信的开销会随着节点数的增加而增加，因此实际中算法的加速比不会达到这种理想状态。

从图 3-9 可以看出，对于同一数据集，当集群节点数从 1 增加到 5 时，加速比基本上是线性增长的，Hadoop 平台处理海量数据的优势越来越大。这说明增加节点的数量，确实可以提高推荐算法的效率。但是当节点个数达到 5 以后，增速下降，因为，Hadoop 各节点之间需要通信，节点数越多，通信的开销也越大。同时，在计算时如果负载不平衡造成每个节点工作量不同也会影响作业整体运行效率。 所以在实际应用中要根据作业具体的信息确定使用集群规模的大小，不断增加节点数量并不能带来效率上的大幅提升，很可能会造成资源的浪费。

## 3.5　小结

本章就协同过滤算法存在的冷启动问题、扩展性问题进行了深入研究，以期提高推荐算法的质量。主要研究内容如下。

（1）针对冷启动问题，由于没有历史评分数据，传统的协同过滤推荐算法面临严重的挑战。本章针对新用户冷启动问题的解决方法进行详细介绍（新项目冷启动问题的解决方法类似）。本章基于新用户特征数据对选定初始聚类中心点进行 $K$-means 聚类，通过聚类模型建立新用户与现有用户的关联，聚类模型利用余弦相似度计算出新用户的最相似用户，然后在基于项目填充的评分矩阵上计算最相似用户的最近邻居集，从而为最相似用户提供推荐服务，并将此推荐作为新用户的推荐项目。

（2）针对扩展性问题，本章利用 Hadoop 2.0 分布式集群的 MapReduce 并行计算和 HDFS 分布式存储能力，从根本上解决了传统协同过滤推荐算法面临的严重扩展性问题。

（3）在真实的数据集上，通过实验证明，聚类参数 $K$ 和初始聚类中心点的选择对整个聚类模型的准确性乃至解决新用户冷启动问题是至关重要的。Hadoop 集群对海量数据进行分布式处理具有明显的性能优势。

# 第 4 章　基于混合算法的推荐系统

## 4.1　遗传算法

遗传算法（Genetic Algorithm，GA）是建立在生物进化论的自然选择规律和遗传学机理的生物进化“适者生存，优胜劣汰”规律之上的计算模型，是一种通过模拟自然进化过程搜索最优解的方法。遗传算法一词最初是在 1975 年，由美国著名 Michigan 大学的 J.Holland 教授提出的。遗传算法不受其所在领域的限制，较强的鲁棒性使其能处理各种类型的问题，算法在执行时具有内在的隐并行性特点，因此易于实现算法的并行化计算。此外，遗传算法还具备一种全局搜索最优解的能力。目前，遗传算法已被广泛应用于各个领域中，尤其是与其他算法的组合应用中，如机器学习和自适应控制等。

遗传算法的处理过程一般包括四步[105]。

（1）首先，进行编码，将问题的解转换为对应的染色体，产生初始种群。

（2）其次，根据所求解问题定义适应性函数，根据相关适应性条件计算每条染色体的适应度值，并保留较优个体。

（3）然后，根据交叉变异概率对染色体进行交叉、变异等操作，循环迭代，不断生成新的染色体，逐渐使染色体具有较好的性质。

（4）最后，染色体解码阶段，将结果转换为问题对应的解，输出最优解。

遗传算法流程图如图 4-1 所示。

遗传算法在理论上和实际应用中已经取得了长足进步与发展，但在具体的应用中，遗传算法仍然存在着一些缺陷。

- 遗传算法在编程上仍存在不规范的问题，因此实现起来就比较复杂。

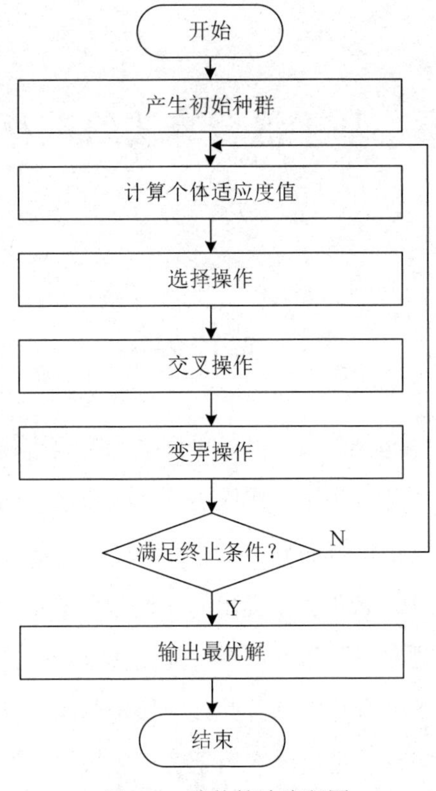


图 4-1　遗传算法流程图

- 选择、交叉、变异中的参数选择并没有统一的标准来衡量，相关参数选择的有效程度将严重影响算法最优解的质量。目前在参数的选取上，大部分都是依靠反复试验及经验所得到。
- 由于存在循环迭代的计算过程，造成了遗传算法效率低的问题，而遗传算法自身所具有的潜在并行机制却未得到充分挖掘与利用。

## 4.2　混合算法

考虑到遗传算法是一种以全局搜索的方式来获取最优解的算法，本节通过遗传算法自适应地获取聚类算法中的最优聚类数 $K$ 及初始聚类中心，最终获得较优的用户或项目聚类模型。算法中采用轮廓系数[106]作为适应性函数，这是由于轮廓系数不仅考虑类簇间距离的因素，而且将类内各数据间距离因素也考虑在内，能够有效评价聚类结果划分的质量。然而，传统的遗传算法本身的随机化搜索机制，致使其同样面临着容易获取到局部最优解的问题，即“早熟”现象。为解决此问题，Srinivas 等[107]给出一种自适应遗传算法（Adaptive Genetic Algorithm，ACA），该算法将适应度值进行线性调整，将取值介于平均适应度与最大适应度之间。该方法虽然在一定程度上能够解决传统的遗传算法所存在的问题，但是当算法的适应度值与最大适应度无限接近时，交叉概率和变异概率将逐渐减小，最后将减为零，这种情况下算法同样容易产生局部最优解的问题。随后，任子武等[108]在 Srinivas 等的基础上又给出了一种新算法，即改进的自适应遗传算法（Improved Adaptive Genetic Algorithm，IACA）。IAGA 算法采用一种精英保留的策略，每进化一代保留一部分精英个体，并保证每一代的优良个体不被交叉、变异等遗传操作破坏掉。在 IAGA 算法中，交叉概率 $P_c$ 和变异概率 $P_m$ 进行自适应改变调整，具体变化按公式（4-1）和公式（4-2）进行。

$$P_c = \begin{cases} P_{c1} - \dfrac{(P_{c1} - P_{c2})(f' - f_{avg})}{f_{max} - f_{avg}} & f' \geqslant f_{avg} \\ P_{c1} & f' < f_{avg} \end{cases} \tag{4-1}$$

$$P_m = \begin{cases} P_{m1} - \dfrac{(P_{m1} - P_{m2})(f_{max} - f')}{f_{max} - f_{avg}} & f' \geqslant f_{avg} \\ P_{m1} & f' < f_{avg} \end{cases} \tag{4-2}$$

对以上公式进行分析可知，虽然精英保留策略能够保护优良个体，缓解了种群中较差个体由于变异能力低而停止进化的现象，但是该方法存在不足：精英组中优良个体数目不宜过大，否则容易使种群进化停滞不前，也会陷入局部收敛状态。

本节在 ACA 算法和 IAGA 算法研究的基础上，对遗传算法存在的不足进行了深入研究分析，采取了根据适应度值、最大/最小交叉变异概率以及所划分种群的熵值对交叉/变异概率的动态（Dynamic）调整策略。在遗传算法进化的初始阶段，种群中个体的质量相对较差，需要较高的交叉概率以产生更多优良的个体，并保证进化速度和群体质量；在进化后期，群体质量相对较高，则需要较低的交叉概率以防止破坏优良基因，使算法逐渐趋于平稳直至收敛。

本节给出的改进后的交叉概率 $P_c$ 和变异概率 $P_m$ 计算方法，如公式（4-3）～公式（4-6）所示。

$$P_c=\begin{cases}P_{c1}-\dfrac{(P_{c1}-P_{c2})(f'-f_{avg})}{f_{max}-f_{avg}}e^{\frac{E_p-E_{avg}}{E_{max}}} & f'\geqslant f_{avg}\\ P_{c1} & f'<f_{avg}\end{cases} \tag{4-3}$$

$$P_m=\begin{cases}P_{m1}-\dfrac{(P_{m1}-P_{m2})(f_{max}-f')}{f_{max}-f_{avg}}e^{\frac{E_p-E_{avg}}{E_{max}}} & f'\geqslant f_{avg}\\ P_{m1} & f'<f_{avg}\end{cases} \tag{4-4}$$

$$e_i=-\sum_{j=1}^{L}p_{ij}\log_2 p_{ij} \tag{4-5}$$

$$E=\sum_{i=1}^{q}e_i \tag{4-6}$$

式中：$P_c$ 为交叉概率；$P_{c1}$、$P_{c2}$ 为最大、最小交叉概率，取值分别为 0.85，0.5；$P_m$ 为变异概率；$P_{m1}$、$P_{m2}$ 为最大、最小变异概率，取值分别为 0.05，0.005；$f'$ 为当前种群中个体的适应度值；$f_{avg}$ 为种群中个体的平均适应度值；$f_{max}$ 为最大适应度值；$E$ 为熵值；$E_p$ 为当前簇的熵值；$E_{avg}$ 为平均熵值；$E_{max}$ 为最大熵值。$p_{ij}=m_{ij}/m_i$ 为类簇 $i$ 中对象属于类 $j$ 的概率；$m_i$ 为簇 $i$ 中所有对象的个数；$m_{ij}$ 为类簇 $i$ 中属于类 $j$ 对象个数；$L$ 为整个种群中对象个数；$q$ 为用户所具有的属性个数。

综合考虑遗传算法中适应度值及聚类划分类簇的熵值，本节提出交叉概率 $P_c$ 的优化过程为：当种群中个体的适应度值 $f'$ 大于或等于平均适应度值 $f_{avg}$，并且当前簇的熵值 $E_p$ 大于或等于平均熵值 $E_{avg}$ 时，表明种群中个体性能较好并且相似度比较高，根据计算公式，给予种群配对个体较小的交叉率；当 $E_p$ 小于 $E_{avg}$ 时，表明种群中个体性能较差且相似度较低，根据计算公式，给予种群配对个体较大的交叉率。当 $f'$ 小于 $f_{avg}$ 时，给予种群配对个体较大的交叉率 $P_{c1}$。对于变异率 $P_m$，其调整过程与交叉概率 $P_c$ 相似。

由公式可以看出，优化后的交叉、变异概率相对于传统静态（Static）的交叉、变异概率值是向两端发散的，即各个个体之间的交叉概率与变异概率都是在增大的。由此可得，在进化初期，当群体质量较差时，较高的交叉概率与变异概率可以产生更优的个体，从而保证进化速度和群体质量。当算法进化到后期阶段时，群体的质量较好，采用较低的交叉概率和变异概率便不会破坏种群中优良的基因，能够使算法平稳收敛。

基于优化遗传算法聚类模型构建的流程图如图4-2所示。

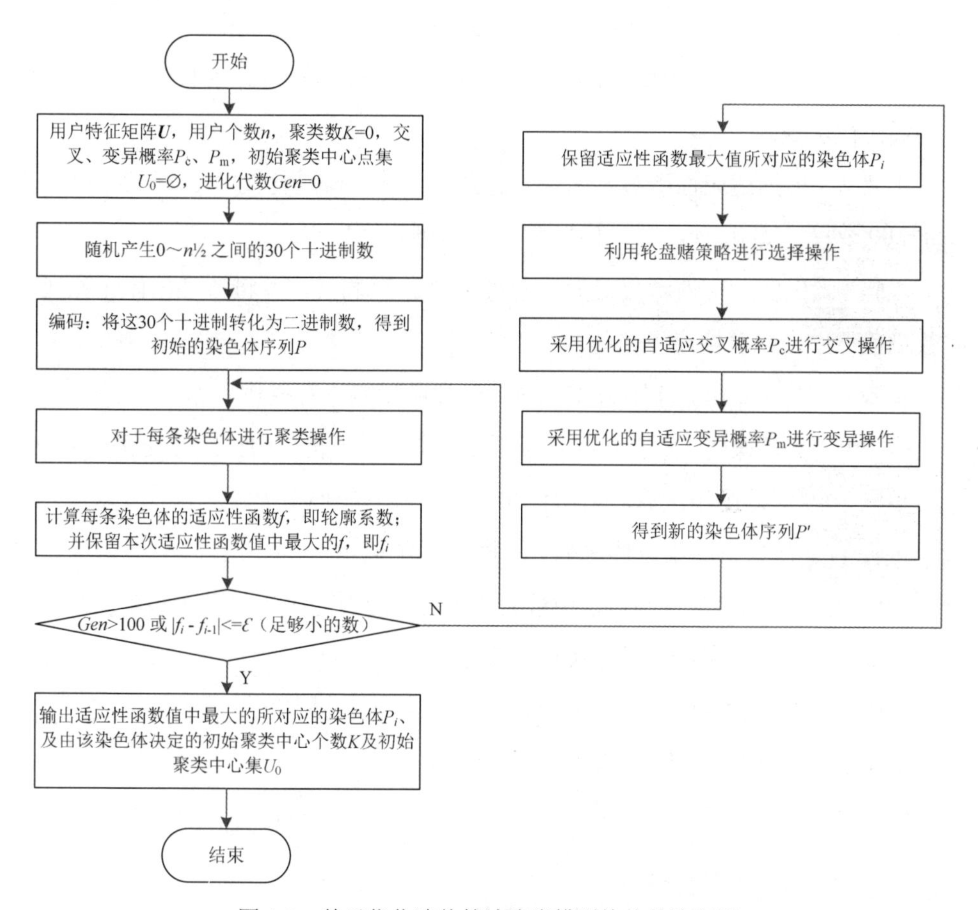


图4-2 基于优化遗传算法聚类模型构建的流程图

基于优化遗传算法聚类模型构建的步骤。

输入：用户特征矩阵 $\boldsymbol{U}$，用户个数 $n$，交叉概率 $P_c$ 取值为0.85，变异概率 $P_m$ 取值为0.005，初始聚类中心点集 $U_0=\varnothing$，进化代数 $Gen=0$。

输出：聚类个数 $K$ 及 $K$ 个初始聚类中心点集 $U_0$。

步骤 1　用户特征矩阵 $\boldsymbol{U}$，$Gen$=0，交叉概率 $P_{\mathrm{c}}$ 和变异概率 $P_{\mathrm{m}}$。

步骤 2　对染色体进行编码，本节采用二进制编码的形式。

步骤 3　种群初始化操作。本节种群大小设置为 $P$=30，聚类个数 $K$ 的取值范围介于 2～$\sqrt{n}$ 之间，该结论杨善林[109]等已经证明，那么随机选择 2～$\sqrt{n}$ 之间的 30 个数，并将其转化为相应的二进制形式，构成种群的 30 条染色体。

步骤 4　将种群中的各条染色体进行 $K$-means 聚类算法操作。

步骤 5　计算种群中每条染色体所对应的适应性函数值。本节采用轮廓系数作为适应性函数。

步骤 6　根据适应性函数判断是否达到收敛条件，进化代数 $Gen$=$Gen$+1，若 $Gen$>100 或 $\left|f_i - f_{i-1}\right| \leqslant \varepsilon$，则执行步骤 12，否则执行步骤 7。

步骤 7　保留适应性函数最大值所对应的染色体 $P_0$，并将该染色体迁移到下一代染色体中，以替换最差个体。

步骤 8　选择操作。本节采用经典的轮盘赌策略进行操作。

步骤 9　交叉操作。算法采用单点交叉操作及采用优化的自适应交叉概率 $P_{\mathrm{c}}$。

步骤 10　变异操作。算法采用优化的自适应变异概率 $P_{\mathrm{m}}$。

步骤 11　得到新的染色体序列 $P$，执行步骤 4。

步骤 12　输出适应性函数值中最大的所对应的染色体 $P_i$，及由该染色体决定的初始聚类中心个数 $K$ 及初始聚类中心集 $U_0$。

步骤 13　算法结束。

基于优化遗传算法聚类模型构建的伪码如下。

```
输入：U            /*表示用户特征矩阵*/
      n            /*表示用户个数*/
      K=0          /*表示聚类的个数*/
      U0=∅         /*表示初始聚类中心集*/
      Gen=0        /*Gen 表示当前的迭代次数*/
      自适应交叉概率 Pc，自适应交叉概率 Pm
输出：聚类的 K 值及初始聚类中心。
Begin
随机选择 2～√n 之间的 30 个数，并将其转化为相应的二进制形式，构成具有 30 条染色体的种群;
```

```
/*随机选取 K 个中心点构成本次初始聚类中心集 U0*/

List Center_list = Select_init_Center0(U0, K);
do {
for each (u in U) {
    for each (center in Center_list) {
        /*计算每个用户到初始聚类各个中心点的距离 distance*/
        double distance = Calculate_distance(u, center);
        if (best_center.distance > distance) {
            best_center.distance = distance;
            best_center.class = center.tag;
        }
    }
    clustering_list.Add(u);
}
    /*获取新的聚类中心点*/
    new_Center_list = Relocate_ Center0 (clustering_list, Center_list, K);
} while (!Is_center_stable(new_Center_list, Center_list));
/*当聚类结果趋于稳定时，循环结束*/
for (i<=30)
    计算 score[i];          /*计算每条染色体的适应性函数值*/
fi= max(score[i]);
while ((Gen<=100) and (|fi-fi-1|>=ε)){
    save(Pi);               /*保留最大的适应性函数对应的染色体*/
    轮盘赌法进行选择操作;
    采用公式（4-3）自适应交叉概率 Pc 进行交叉操作;
    采用公式（4-4）自适应变异概率 Pm 进行变异操作;
    产生新的染色体序列 P';
for each (u in U) {
    for each (center in Center_list) {
        /*计算每个用户到初始聚类各个中心点的距离 distance*/
        double distance = Calculate_distance(u, center);
        if (best_center.distance > distance) {
            best_center.distance = distance;
            best_center.class = center.tag;
        }
    }
    clustering_list.Add(u);
        /*获取新的聚类中心点*/
        new_Center_list = Relocate_ Center0 (clustering_list, Center_list, K);
} while(!Is_center_stable(new_Center_list, Center_list));
     /*当聚类结果趋于稳定时，循环结束*/
```

```
    for (i<=30)
        计算 score[i];          /*计算每条染色体的适应性函数值*/
    fi= max(score[i]);
    Gen++;
}
    输出 score[i]中最大值所对应染色体的 K 值及初始聚类中心点;
End
```

## 4.3 混合算法解决冷启动问题

本节以解决新用户冷启动问题为例，阐述算法实现的具体流程。首先利用优化的遗传算法产生用户聚类模型，以每个簇的中心用户特征来代表整个类簇。然后将新用户的属性特征（年龄、性别、职位）进行离散化处理（用户的属性数据及数据离散化如第 3 章的表 3-1～表 3-5 所列）。将新用户分别加入各个簇中，计算其信息熵值，熵值即根据新用户和类簇中其他用户的性别、年龄和职位数据计算得到，熵值越大，说明新用户与该簇内用户的特征越相似，最终将新用户划分到熵值最大的簇中。然后，通过海明距离计算簇内用户间相似度，即可获取新用户的最近邻居集。最后，根据最近邻居集对新用户进行评分预测与项目推荐，从而实现基于混合算法解决冷启动问题。

假设考虑的用户属性特征集为$\{c_1,c_2,...,c_n\}$（$n$ 表示特征数），用户 $A$ 各个特征所对应的值为$\{v_1,v_2,...,v_n\}$，用户 $B$ 各个特征所对应的值为$\{r_1,r_2,...,r_n\}$，$\{v_1, v_2,...,v_n\} \oplus \{r_1, r_2,...,r_n\}=\{q_1,q_2,...,q_n\}$（$\oplus$ 表示异或运算），海明距离 $dis(A, B)$等于异或运算结果中“1”的个数。

例如，用户年龄划分为 6 类，并用 6 位二进制表示：100000 表示 0～20，110000 表示 21～30，111000 表示 31～40，111100 表示 41～50，111110 表示 51～60，111111 表示大 60。

根据海明距离来计算用户间的特征属性相似性，如公式（4-7）所示。

$$sim_d(u_i,u_j)=\frac{1}{1+dis(u_i,u_j)} \tag{4-7}$$

解决新用户冷启动问题的混合算法流程图如图 4-3 所示。

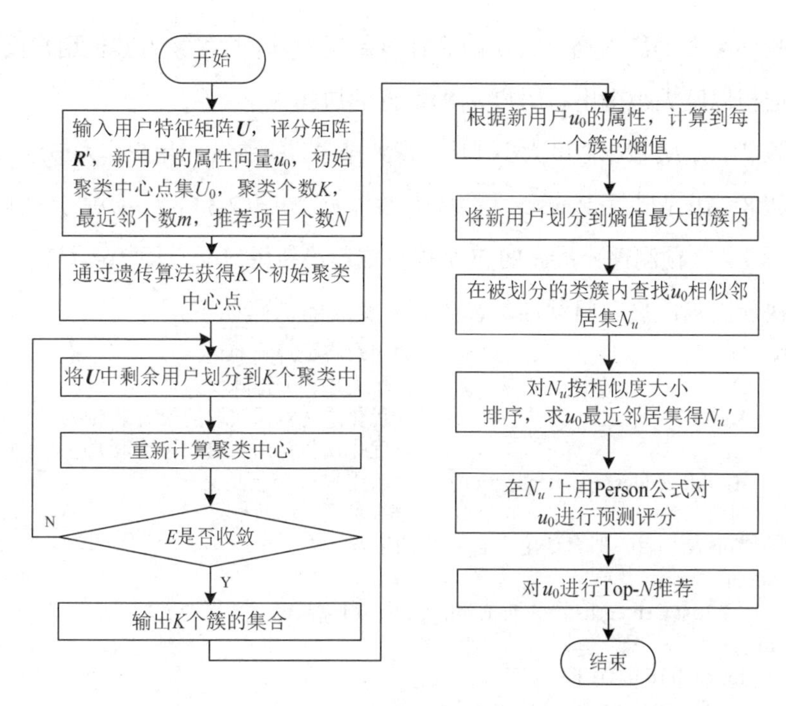


图 4-3 解决新用户冷启动问题的算法流程图

输入：用户特征矩阵 $\boldsymbol{U}$，填充后的用户—项目评分矩阵 $\boldsymbol{R}'$，新用户属性特征信息 $u_0$(userid, gender, age, occupation)，初始聚类中心点集 $U_0$，聚类个数 $K$，最近邻个数 $m$，推荐项目个数 $N$。

输出：对新用户 $u_0$ 的 Top-$N$ 推荐。

步骤 1 利用优化的遗传算法更新初聚类中心点集 $U_0$ 以及聚类个数 $K$。

步骤 2 分别计算用户特征矩阵 $\boldsymbol{U}$ 上其他用户与初始中心点的欧氏距离，根据欧氏距离大小将 $\boldsymbol{U}$ 上其他用户都划分到最相似的类簇。

步骤 3 将本次划分的类簇重新计算同一类簇内数据点的平均值，作为下次划分时类簇的中心点。

步骤 4 重复执行步骤 2、步骤 3，直到准则函数 $E$ 收敛［见公式（3-1)］，得到模型的聚类中心点集 $U_n$，即得到最终的用户聚类模型。

步骤 5 将新用户 $u_0$ 置于划分好的各个类簇内，然后计算各类簇的熵值，将新用户 $u_0$ 最终划分到熵值最大的类簇中。

步骤 6　在类簇内通过海明距离计算新用户 $u_0$ 与类簇内其他用户间的相似度，根据相似度大小得出新用户 $u_0$ 的最近邻居集 $N_u$。

步骤 7　对 $N_u$ 按相似度大小排序，得到排序后的前 $m$ 个用户作为最近邻集 $N_u'$。

步骤 8　在 $N_u'$上用 Pearson 相关相似性［见公式（2-3）］对 $u_0$ 进行预测评分。

步骤 9　将预测评分最高的 $N$ 个项目推荐给新用户 $u_0$，即 Top-$N$ 推荐。

解决新用户冷启动问题推荐算法具体实现的伪码如下。

```
输入：U                                      /*用户特征矩阵 U*/
      R                                      /*填充后评分矩阵*/
      K                                      /*优化遗传算法获取的聚类个数*/
      U0                                     /*优化遗传算法获取的初始聚类中心集*/
      u0(uid, gender, age, occupation)       /*新用户 u0 特征信息*/
      N                                      /*推荐项目个数*/
输出：Top-N 项目，即对新用户 u0 作出的推荐。
  Begin
        List Center_list = Select_init_Center0(U0, K);
  do {
      for each (u in U) {
          for each (center in Center_list) {
              /*计算每个用户到初始聚类各个中心点的距离 distance*/
                  double distance = Calculate_distance(u, center);
              if (best_center.distance > distance) {
                  best_center.distance = distance;
                  best_center.class = center.tag;
              }
          }
      clustering_list.Add(u);
      }
          /*获取新的聚类中心点*/
              new_Center_list = Relocate_ Center0 (clustering_list, Center_list, K);
  } until 准则函数 E 收敛;
      Compute(E_score);   /*计算每个簇对应的熵值 E-score*/
          将新用户 u0 划分到最大熵值所对应的簇内;
      for each (v in U) {     /*U 是目标用户 u0 所在簇的用户集*/
          sim(u0,v);          /*计算用户 u0 和 v 的相似度*/
              if  (目标用户 u0 相似用户集中个数< k) {
                  将 v 加入到用户 u0 相似集合中;
              }
              else if   (sim(u0,v) > min) {    /*min 为 u0 相似邻居集中相似度最小值*/
                  将 v 加入 u0 相似用户集;
              }
```

```
        }
        for each (v in u0 最近邻居集){
            Sumsim +=sim(u0, v);
            SumRating += sim(u0, v) ×(Rvi− R̄v );
    }
      P(u0,i) = SumRating/Sumsim;        /*将未评分项进行评分预测*/
            并将预测评分值加入 ratingPre[ ];
          Sort(ratingSet[ ]);
          OutputMax_N(ratingSet[ ]);        /*输出前 N 个项目*/
    End
```

# 4.4 混合算法的并行化

## 4.4.1 聚类模型的并行化

基于优化遗传算法的聚类模型，该混合算法通过遗传算法的自适应机制来获得较优的聚类数 $K$ 及初始聚类中心点集。而适应性函数采用的是轮廓系数，轮廓系数是用来评价 $K$-means 聚类算法结果的标准，因此需要在聚类操作完成之后才可进行计算。深入分析遗传算法操作的各阶段特点，算法首先将同一种群分成 $n$ 种不同划分的子种群，然后将遗传算法中的每一个子种群交给 MapReduce 并行执行，最后将各子种群的结果进行合并，输出最终的结果。遗传算法 MapReduce 并行化流程图如图 4-4 所示。

首先在 Map 过程完成各子种群内每条染色体适应度值的计算，Reduce 过程计算当代最优解，然后依次完成染色体的选择、交叉、变异操作的 Map 和 Reduce 过程，将上一代中保留的精英个体迁移到下一代，reduce 操作判断是否满足收敛条件，若为“是”，则进行优选得到最优解，否则返回 Map 过程。

该部分算法共分为 5 个阶段，下面介绍单个 MapReduce 并行化的执行过程。

第一阶段，读取各种群并计算各种群中染色体适应性函数值。函数的适应度值计算需要在每条染色体进行 $K$-means 聚类算法操作后，才可计算得出。计算种群中各染色体适应性函数算法的 MapReduce 流程图如图 4-5 所示。

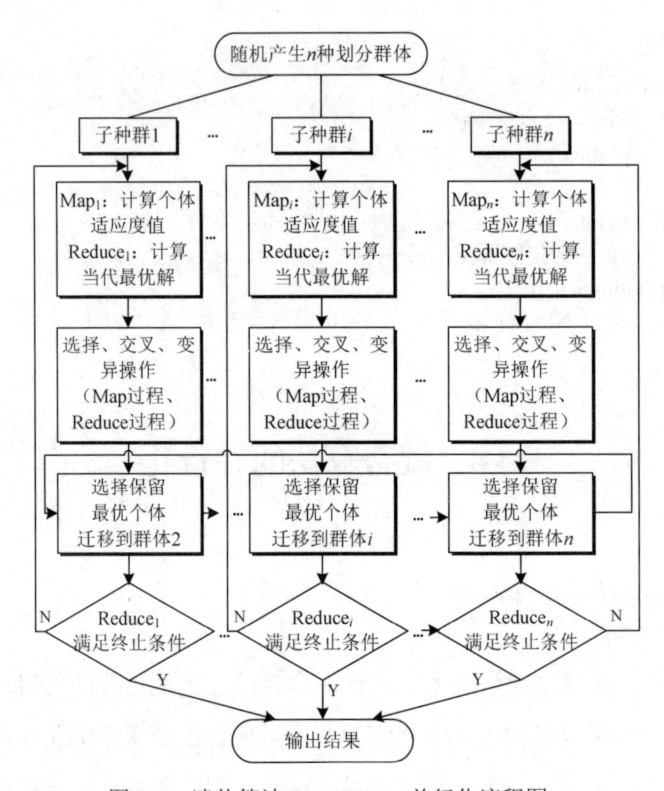


图 4-4 遗传算法 MapReduce 并行化流程图

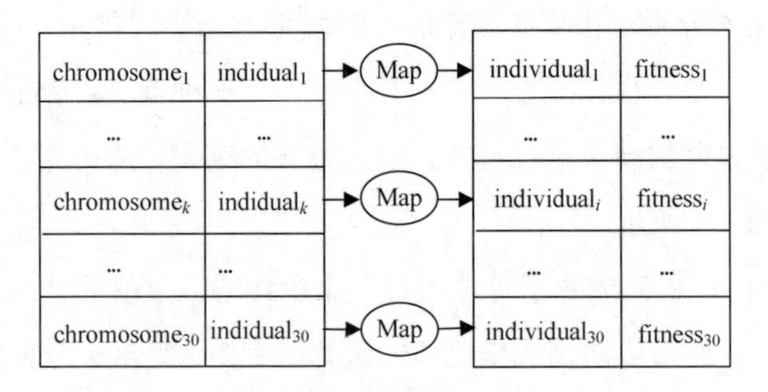


图 4-5 适应性函数算法的 MapReduce 流程图

遗传算法中适应性函数的获取需要在 $K$-means 聚类操作完成之后才能进行，聚类操作的 MapReduce 化共分为 4 个阶段，获取用户分类的 MapReduce 流程图如图 4-6 所示。

（1）扫描用户特征矩阵中所有的数据点，并将初始聚类中心点集 $U_0$ 内的 $k$ 个用户依次读出作为本次聚类的中心点，其中 $k$ 的大小是由遗传算法过程给出的。

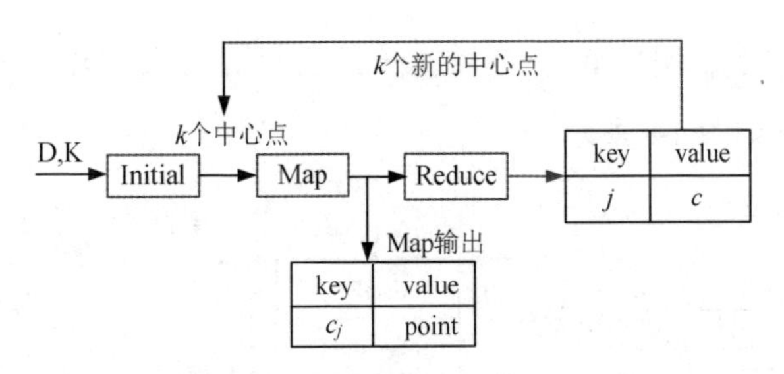


图 4-6 获取用户分类的 MapReduce 流程图

（2）各个 Map 节点读取存储在本地数据集中的所有点，通过 *K*-means 的 Map 过程计算每个点到中心点的距离，选取距离最小的并记录为该点所分类簇号，然后输出类簇号和点，最终生成聚类集合。

（3）将 *K*-means 算法的 Map 过程输出传给该算法的 Reduce 过程，将相同的类标签分为相同的簇，计算新的中心点并输出，重复算法的第二、三阶段直至满足算法收敛的条件。

（4）根据最终所获得的聚类数及聚类中心进行所有数据点的聚类划分，依次将数据集中的点按欧氏距离划分到距离最近的中心点。

第二阶段，对各子种群中的染色体进行选择操作，算法采用轮盘赌策略实现，如图 4-7 所示。

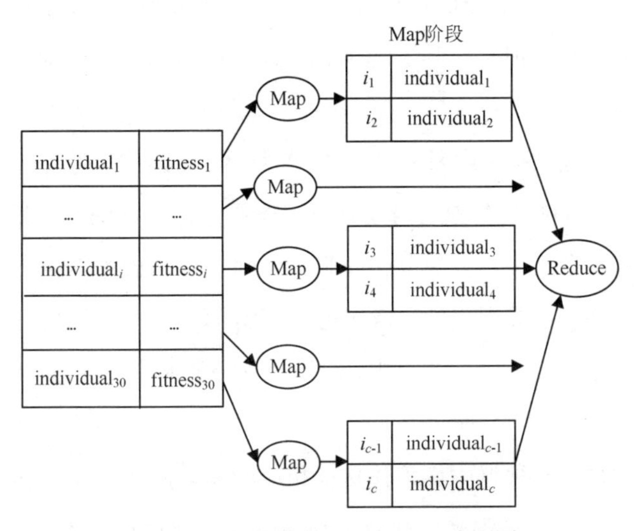


图 4-7 选择操作的 MapReduce 流程图

第三阶段，对各子种群中染色体进行交叉操作。交叉操作的 MapReduce 并行化实现的流程图如图 4-8 所示。

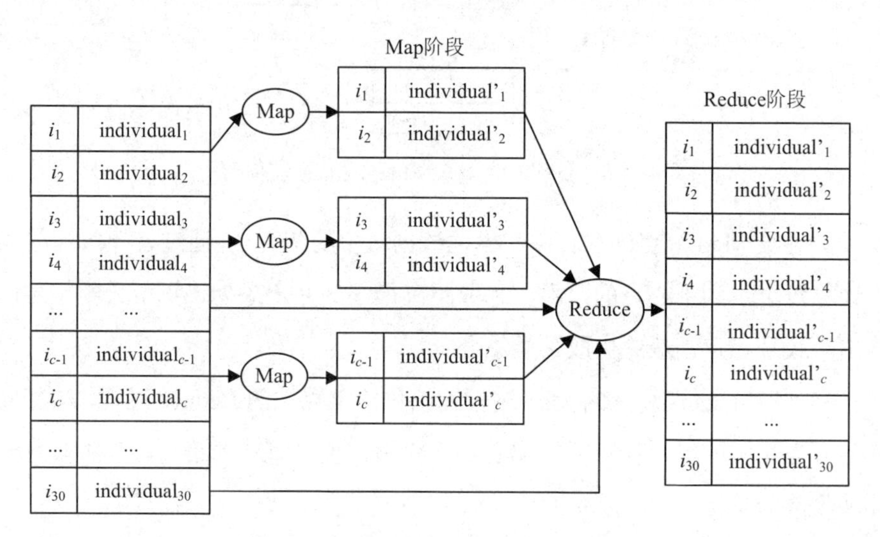


图 4-8 交叉操作的 MapReduce 流程图

### 4.4.2 新用户划分算法的并行化

新用户由于没有对任何项目进行过评价，导致其对应的评分数据为空，使得传统协同过滤推荐算法很难对其实现推荐。针对该问题，采用基于用户属性信息进行推荐的策略。

本节采用用户属性中最具代表性的年龄（age）、性别（gender）和职位（occupation）三种属性信息进行分析研究，在已经建立好的用户聚类模型下，将新用户分别加入各个簇中，计算其信息熵值。熵值就是根据新用户和类簇中其他用户的属性数据进行计算得出的，熵值越大，说明新用户与该簇内的用户越相似。最终将新用户划分到熵值最大的簇中，新用户划分的 MapReduce 并行化流程图如图 4-9 所示。

第四阶段，对各子种群中染色体执行相应的变异操作，变异操作 MapReduce 并行化实现的流程图与交叉操作的 MapReduce 并行化过程基本类似。

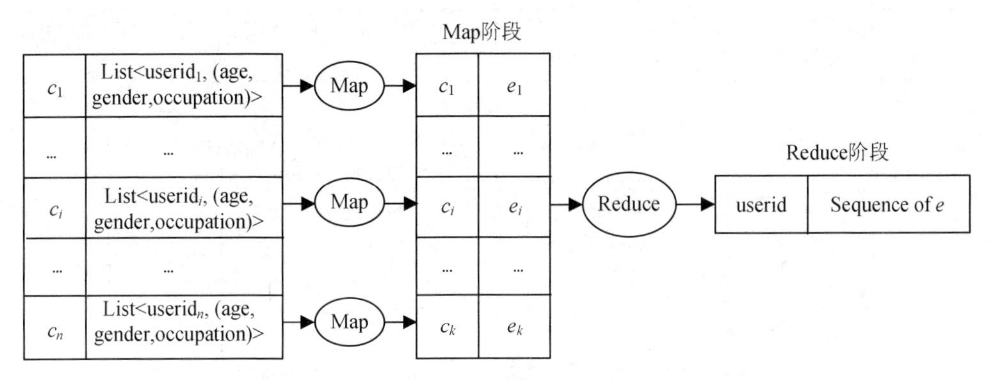


图 4-9 新用户划分的 MapReduce 并行化流程图

第五阶段，判断遗传算法是否达到收敛的条件，并输出结果。

Map 过程：

{

计算当代基因种群中的最优解，并将结果保存到 HDFS 中;

}

Reduce 过程：

判断算法是否达到收敛的条件，若迭代次数>=$T$，则输出整个算法的最优解，否则算法继续迭代执行;

}

## 4.5 推荐算法的并行化

对新用户进行推荐的 MapReduce 并行化实现共分为三个部分，分别为用户间相似度的计算、获取最近邻居集和产生推荐部分，下面分别进行详细介绍。

（1）根据用户的属性信息进行用户间相似度的计算。相似度计算的 MapReduce 并行化过程的流程图如图 4-10 所示。

用户相似度计算的 MapReduce 并行化过程描述如下：

Map 过程：

输入：< offset, List<user,(age,gender,occupation)>。

输出：< (用户 id, 用户 id), 用户相似度 >。

步骤：将 <offset, List<user,(age,gender,occupation)> 形式的记录解析为 < 用户 id, (age,gender,occupation) >的形式，并将其作为输入的< key, value >对进行处理，通过相似度

计算公式（3-2），计算用户相似度，最后以<(用户 id,用户 id), 用户相似度>的形式作为输出的<key, value>对保存在 HDFS 上。

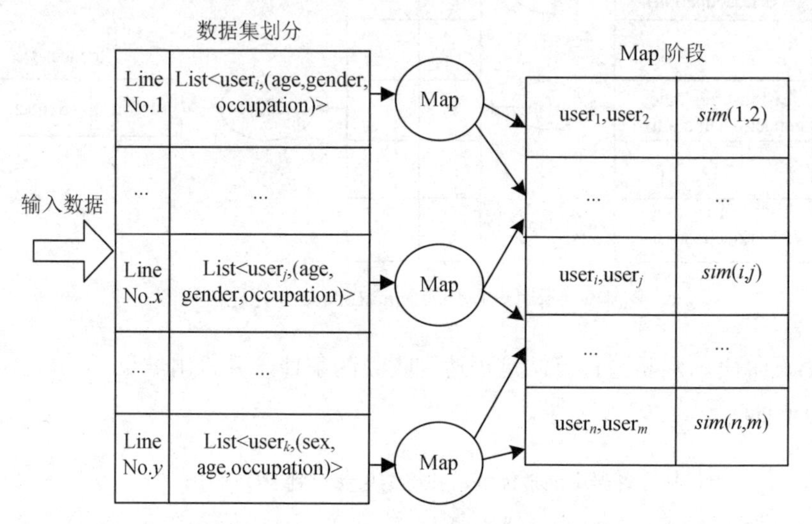


图 4-10 用户相似度计算的 MapReduce 并行化过程的流程图

（2）将用户相似度进行排序，由相似度值筛选出每个用户对应的最近邻居集。

Map 过程：

输入：< offset, ($user_i$, $user_j$,用户相似度) >。

输出：<$user_i$, ($user_j$,项目相似度) >，<$user_j$, ($user_i$,用户相似度) >。

步骤：Map 阶段将<$user_i$, $user_j$, 用户相似度>形式的输入解析为<$user_i$, ($user_j$, 用户相似度) >和<$user_j$, ($user_i$, 用户相似度) >的形式发送给 Reduce 进行处理。

Reduce 过程：

输入：<$user_{id}$, List($user_{id}$, 项目相似度) >。

输出：reduce 函数接收从 Map 阶段传递过来的<$user_{id}$, 排序后的 List($user_{id}$, 用户相似度) >记录，即用户最近邻居集。

步骤：分析 key 值相同的所有<key, value>对的 value，并将用户间的相似度值 value 进行排序，从中筛选出每个用户的最近邻居集，并将最终生成的文件保存在 HDFS 中。

（3）产生推荐。由新用户的相似邻居的历史评分数据对新用户进行预测评分以及最终推荐的实现。

Map 过程：

输入：<offset, ($item_{id}$, $user_{id}$,评分-均值) >,<offset, ($user_{id}$,$user_{id}$,用户相似度) >。

输出：<$user_{id}$, ($item_{id}$,评分-均值) >,<$user_{id}$, ($user_{id}$,用户相似度) >。

步骤：Map 阶段将<$item_{id}$,$user_{id}$,评分-均值>和<$item_{id}$,最近邻居集>解析为<$item_{id}$, ($user_{id}$,评分-均值)>和<$item_{id}$, ($item_{id}$,项目相似度)>的形式，并作为输出传送给 Reduce 进行处理。

Reduce 过程：

输入：<$user_{id}$, List($item_{id}$,评分-均值) >,<$user_{id}$, List($user_{id}$,用户相似度) >。

输出：<$user_{id}$, List($item_{id}$, 预测评分) >。

步骤：分析 key 值相同的所有<key, value>对的 value 二元组，并查找评分矩阵中没有评分数据的项目用户的最近邻居集，利用公式（2-4）计算目标项目的预测评分，并将最终生成的文件保存在 HDFS 中。

以上就是基于新用户的协同过滤推荐并行化实现的全部过程。

## 4.6 实验评测及分析

### 4.6.1 实验平台

算法的 MapReduce 的实验平台是由 8 台 PC 搭建而成的 Hadoop 集群。集群的配置如下：1 台 Master 节点，IP 地址为 115.24.95.40，7 个 Slave 节点，IP 地址为 115.24.95.41～115.24.95.47。集群中所有配置都相同，其详细的软件、硬件配置见表 4-1 和表 4-2。

表 4-1 软件环境表

| 软件 | 版本 |
| --- | --- |
| 操作系统 | Windows 7；Centos 6.5 |
| JDK | JDK 1.7.0_79 |
| Eclipse | Eclipse 3.7.1 |
| Hadoop | Hadoop 2.2.0 |

表 4-2 硬件环境配置表

| 项目 | 配置 |
| --- | --- |
| CPU、硬盘 | 4 核 i5 CPU；500GB 硬盘 |
| 内存 | 4GB |
| 网络 | 100MB 交换机 |
| Hadoop 节点 | 8 个 |
| Hadoop 版本 | Hadoop 2.2.0 |

### 4.6.2 实验数据集

（1）聚类模型生成算法的实验采用的是 UCI 数据集中 Iris 数据集和 glass 数据集[110]。

Iris 数据集是一类多重变量分析的鸢尾花卉数据集，经常用于进行分类的实验。该数据集中含有 150 个数据点，整个数据集共分为 3 种类别，即数据集的最优聚类数为 3，其中每种类别具有 50 个数据，每个数据又含有 4 种属性特征。glass 数据集中含有 214 个数据点，该数据集被分为 6 类，其中每个数据均具有 9 个不同的属性特征。

遗传算法中相应参数设置：选择算子为轮盘赌法；交叉算子为单点交叉，交叉概率初始为 $P_{c1}$=0.85、$P_{c2}$=0.4；变异概率初始为 $P_{m1}$=0.2、$P_{m2}$=0.001。

（2）推荐算法的实验采用由 GroupLens 提供的 Movielens 电影评分数据集[111]。Movielens 数据集中共包含 ml-100k 数据集、ml-1M 数据集、ml-10M 数据集三种，三种数据集的具体信息见表 4-3。该数据集中的用户特征信息、电影属性信息在第 3 章中已进行了详细介绍。除了这两个信息表之外，该数据集还包含一个用户—项目评分信息，见表 4-4。用户对项目的评分值为整数 1 到 5。

表 4-3 Movielens 数据集

| 数据集 | 用户数 | 电影数 | 记录数 | 评分数据大小/MB | 稀疏度 |
| --- | --- | --- | --- | --- | --- |
| ml-100k | 943 | 1682 | 100,000 | 1.89 | 97.3% |
| ml-1M | 6040 | 3900 | 1,000,209 | 23.4 | 95.4% |
| ml-10M | 71567 | 10681 | 10,000,054 | 252 | 98.7% |

表 4-4　评分信息表

| 属性 | 描述 |
| --- | --- |
| userid | 用户 id |
| movieid | 电影 id |
| rating | 用户对电影评分值 |
| timestamp | 时间戳（用户对电影进行评分的时间） |

### 4.6.3　实验结果及分析

1．聚类算法实验

本节利用 UCI 数据集中经典的 Iris 数据集和 glass 数据集进行实验，验证参数 *K* 值的界定以及所选聚类中心的合理性。从平均聚类中心、轮廓系数和准确率上反映算法聚类的质量，从算法的迭代次数上分析算法执行的效率。同时实验将传统的聚类算法 *K*-means（KM）与文献[112]中的改进算法（IKA）及基于遗传算法的改进算法（based on Optimized Genetic algorithm *K*-means，OGKM）进行比较，具体的实验结果见表 4-5 和表 4-6。

表 4-5　Iris 数据集上 KM、IKA、OGKM 算法比较

| 算法 | 平均聚类中心 | 迭代次数 | 平均轮廓系数 | 准确率 |
| --- | --- | --- | --- | --- |
| KM | {4.908,3.514,1.502,0.251} | 18 | 0.379 | 71.43 |
| | {6.103,2.804,5.121,1.124} | 11 | | |
| | {7.063,3.614,5.987,2.523} | 21 | | |
| IKA | {5.189,3.523,1.501,0.248} | 11 | 0.571 | 89.93 |
| | {6.083,2.794,4.847,1.226} | 13 | | |
| | {6.834,3.412,5.618,2.448} | 10 | | |
| OGKM | {5.008,3.504,1.468,0.242} | 6 | 0.683 | 92.44 |
| | {5.874,2.813,4.213,1.281} | 5 | | |
| | {6.633,2.877,5.513,2.221} | 7 | | |

表 4-6　glass 数据集上 KM、IKA、OGKM 算法比较

| 算法 | 平均迭代次数 | 平均轮廓系数 | 准确率 |
| --- | --- | --- | --- |
| KM | 9 | 0.514 | 69.13 |
| IKA | 7 | 0.778 | 85.37 |
| OGKM | 5 | 0.905 | 93.63 |

通过表 4-5 中迭代次数的比较可知，IKA 算法及 OGKM 算法在迭代次数上总体都要小于传统 KM 算法，说明两种改进的算法在收敛速度上较 *K*-means 算法要快，但有时候会出现 KM 算法迭代次数较小的情况，这是因为传统 KM 算法在初始中心的选取较为随机，很容易受到一些孤立点的影响，从而很快陷入局部最优解，以至于算法的迭代次数较小，但这种情况下聚类结果的正确率往往很低。IKA 算法和 OGKM 算法的轮廓系数均高于 KM 算法的轮廓系数，说明上述算法的准确率也高于传统 KM 算法。由此，可以看出改进后的 IKA 算法和 OGKM 算法在收敛速度和准确率上都较 KM 算法有了相应的提高。在表 4-6 中，对 IKA 和 OGKM 两种算法进行分析，从实验数据可以看出 OGKM 算法的准确率要高于 IKA 算法，这是由于不同的聚类数目使 IKA 算法产生不同的分类准确率，OGKM 算法综合了 IKA 算法及遗传算法的优点，采用轮廓系数作为聚类结果划分的评价指标，以及遗传算法自适应选择机制，在 *K* 值获取上避免人为设定，遗传算法进化过程中采用自适应变化的交叉概率和变异概率，每条染色体各自的适应性函数及平均适应性函数、最大适应性函数反过来影响下一代选择交叉概率，通过自适应算法获取最优聚类结果，同时在迭代次数上 OGKM 算法较 IKA 算法相对要少一些，说明 OGKM 算法在收敛速度上也有所提高。通过实验验证，OGKM 算法能够自动识别最佳类别数，具有较高精度的聚类结果。

2. 最近邻个数实验

最近邻个数在推荐算法实现的过程中同样占据着重要的位置，因此本节通过实验来选取最佳的最近邻个数，实验选用 ml-1M 数据集进行，采用 Pearson 相关系数来确定最近邻居集个数。实验分别计算最近邻居集个数为 10～60 时的 *MAE* 值，并将整个实验分为 5 组训练集和测试集进行，避免实验过程中的偶然性，然后取 5 组实验结果的平均值对实验进行分析，实验结果如图 4-11 所示。

由图 4-11 可知，*MAE* 值随最近邻居个数的增加呈现先减后增的趋势，当最近邻个数 $k<50$ 时，*MAE* 值随着最近邻个数 $k$ 的增大逐渐减小，并且在这个范围内下降的幅度相对较大；当最近邻个数 $k>50$ 时，*MAE* 值又随着最近邻个数 $k$ 的增大逐渐增大，该阶段上升幅度相对较小，并最终趋于平稳，这说明协同过滤算法的推荐质量并没有随着最近邻居个数的增加而持续增加，而是会有一个相对合适的范围，因此实验选择最近邻个数 $k$ 为 50。

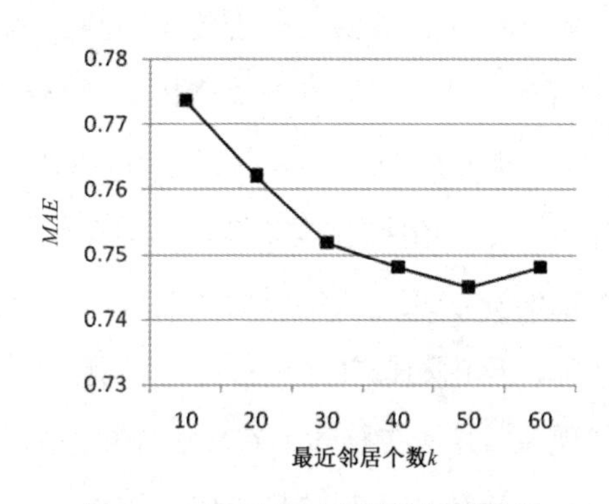


图 4-11 最近邻居个数选择曲线图

3. 协同过滤算法冷启动问题实验

在解决冷启动问题的实验中，选用 ml-100k 数据集，并将该数据集按照 8:2 的比例分成训练集和测试集。首先用 80%的数据集，利用优化的遗传算法进行聚类模型构建，然后将 20%数据集中用户已有的评分记录隐藏掉，按照用户属性熵值的方法进行划分入簇，在类簇内进行用户间相似度计算，寻找新用户的最近邻集与预测评分，最后与该用户真实的评分值进行比对，将给出的 5 对训练集和测试集分别进行实验，并将相同最近邻个数下 5 次实验结果的 *MAE* 值的平均值作为此最近邻个数的推荐结果。最后，将传统的众数法、文献[113]中基于聚类的协同过滤算法（KUCF）、文献[114]中基于用户的协同过滤算法(UCF)及 OGKM 算法进行比较，实验结果如图 4-12 所示。

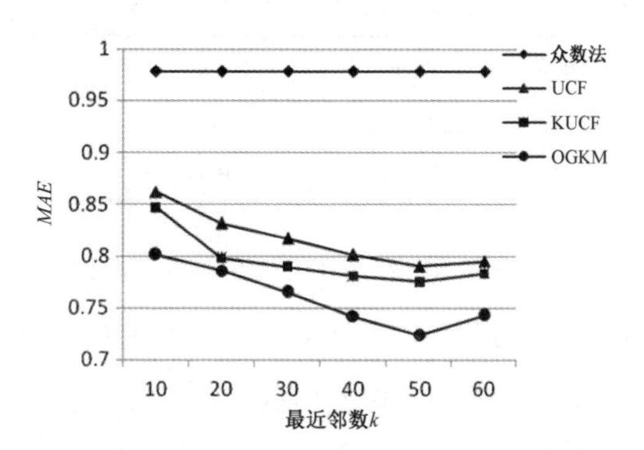


图 4-12 解决冷启动问题的推荐质量对比图

由图 4-12 可知，三种改进的算法都比众数法的 *MAE* 值要低，这是因为众数法选择评分矩阵中出现次数最多的评分进行数据填充，对于新用户而言缺乏个性。随着邻居数量的增加，UCF、KUCF 算法的 *MAE* 值都逐渐减小并趋于平缓，其中 KUCF 算法的 *MAE* 值始终小于 UCF 算法，说明 KUCF 算法要优于传统的基于用户的协同过滤算法，这是因为 KUCF 算法进行聚类操作后，在该类簇内寻找与新用户最相似的用户，根据其喜好进行推荐，同一类簇内的用户本身具有相似的偏好，因此更具针对性。但 KUCF 算法只由单个最近邻产生推荐难免存在偶然偏差的现象，同样也缺乏个性化机制。而本节所给出的算法在完成优质聚类过程后，根据新用户自身的属性特征进行相似邻居的选择，再由相似邻居进行评分预测产生推荐，避免了 KUCF 算法实验过程中的偶然现象。算法在整体上有较小 *MAE* 值，这是因为当聚类达到最优划分时，对新用户通过熵值归入与其最相似的簇中，对其进行评分预测及实现最优推荐。综上所述，本节给出的解决冷启动问题的推荐算法对提高协同过滤推荐算法的推荐质量是可行、有效的。

### 4.6.4 单机和 Hadoop 集群下的可扩展性实验

为了验证算法的可扩展性，通过比较 Movielens 三个数据集分别在单机和 Hadoop 集群上的运行时间，来凸显集群对于海量数据处理的优势，实验结果见表 4-7。

表 4-7 单机和 Hadoop 集群下的时效实验比对

| 数据集 | 用户数 | 项目数 | 评分个数 | 单机耗时/h | 8 节点集群耗时/h |
|---|---|---|---|---|---|
| ml-100k | 943 | 1682 | 100000 | 0.51 | 0.65 |
| ml-1M | 6040 | 3900 | 1000209 | 内存溢出 | 1.86 |
| ml-10M | 71567 | 10681 | 10000054 | 内存溢出 | 36.47 |

由表 4-7 可知，当在较小数据集 m1-100k 上实验时，8 节点集群耗时要比单机上串行处理消耗的时间多，这是因为集群的启动以及各个节点之间的通信都是需要消耗时间的，由于单机上只依靠单台 CPU 对数据进行处理，这样计算机内存消耗就比较快。数据集 m1-1M 在本地单机上发生溢出现象，而数据集 m1-10M 在集群单机上也发生溢出现象，说明当数据集增大到一定程度时会制约单机算法的

执行，单机串行处理模式即发生内存溢出的现象，这是因为单机串行处理模式受内存的限制，当数据集达到一定程度时，CPU 将无法进行处理，即产生内存溢出。而 Hadoop 集群可以有效处理这种情况，即处理较大规模的数据集。由表 4-7 可知，实验在 8 节点集群上可正常运行，并且相对小数据集来说，Hadoop 集群在处理较大数据集时的时间将明显大于 Hadoop 集群启动以及各个节点间进行通信所消耗的时间，所以 Hadoop 集群仍保持较高的处理性能，说明 Hadoop 集群比较适宜处理大规模的数据集。

### 4.6.5 Hadoop 集群加速比实验

为了进一步测试算法在处理海量数据时，节点个数对 Hadoop 集群计算性能方面的影响，本节采用 Movielens 三个不同的数据集 Movielens 100k、Movielens 1M、Movielens 10M 对 Hadoop 集群中节点的个数对算法加速比的影响进行了实验，结果如图 4-13 所示。

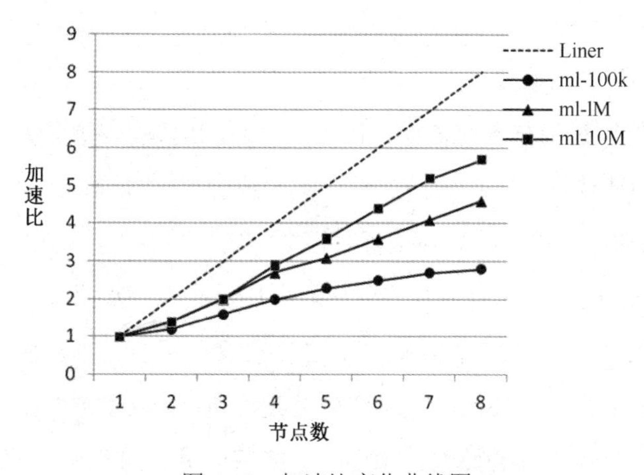


图 4-13　加速比变化曲线图

图 4-13 显示了 Movielens 三个数据集在 Hadoop 集群上随节点个数不断增加的加速比变化情况，其中坐标轴的对角线 Liner 为算法的理想加速比，但是实际情况中由于系统在进行实验时存在节点间通信开销的影响，因此算法的加速比往往很难达到这种理想的状态。由图 4-13 可知，三个数据集整体上均随节点数的增

加呈上升趋势，在同一数据集上，算法的加速比随着集群中节点数的增加而增加，但也不是节点数越多加速比就越大。由实验可知，当 Hadoop 集群中节点数增加到一定数量之后，加速比就不会再随着节点数的增加而增加，这样反而造成了资源的浪费。图中小数据集 ml-100k 的加速比曲线整体比较低，这是因为集群的启动和节点间交互的时间占算法执行总时间的百分比较大，影响了整个算法的加速比，而 ml-10M 的数据集是三个数据集里加速比曲线整体最高的，说明数据量越大的数据集，随集群节点数增加所引起的效率提升越明显，但是在较少节点数时，较大数据集的加速比有可能要小于相对较小的数据集，这是因为 Hadoop 集群在处理数据时只用了较少节点即可完成对数据集的运行处理，那么其余节点就处于空闲状态，这样就造成很大一部分资源的浪费，整个 Hadoop 集群的利用率反而比较低了，说明 Hadoop 集群是比较适合处理大规模数据集的。

## 4.7 小结

本章的主要研究内容如下。

（1）针对协同过滤推荐算法存在的用户冷启动问题，从新用户本身的属性出发，通过优化的遗传算法对历史用户群体实现最优聚类划分，保证查找到的相似群体更准确，在确定该用户的兴趣偏好时根据该用户自身的不同属性信息来确定，更具有针对性，从而更好地完成对该用户的个性化推荐。算法具体的实施过程是，首先利用优化的遗传算法与聚类算法相结合的混合算法产生较优的用户聚类模型，以每个簇的中心用户特征来代表整个类簇，通过遗传算法一系列进化操作自适应获取最优聚类数 $k$ 及初始聚类中心，最终获得更优的聚类结果。对于没有评分数据的新用户，根据新用户属性特征（性别、年龄、职位），通过计算新用户划分到每个簇的熵值，来确定新用户所属类簇，将新用户归入熵值最大的类簇，然后在所属类簇内计算新用户与其他用户的属性相似度，通过属性相似度查找新用户的最近邻居集，对新用户进行评分预测，最终实现推荐。本章给出的算法克服了最初聚类划分结果可能陷入局部最优解及人工设定聚类个数的局限性，在一定程度上解决了协同过滤算法中的新用户冷启动问题，并通过相关实验验证了本章给出算法的有效性和可行性。

（2）传统的协同过滤推荐算法存在扩展性瓶颈和分布式计算的效率问题，对本章中算法的处理过程进行分析，其中 *K*-means 聚类算法在算法处理过程中需要不断地进行数据点的分类调整，每次迭代都要计算调整后新的聚类质心，算法的计算量是相当大的，再加上遗传算法处理过程中的选择、交叉、变异等操作也需要不断循环迭代产生新的个体，当数据量很大时，整个算法的时间复杂度是非常高的。本章采用现阶段应用广泛的 Hadoop 2.0 分布式集群来扩大算法的处理能力，完成本章中相关算法的 MapReduce 化。

（3）通过对实验结果的对比分析可得出如下结论：本章给出的基于混合算法优化的协同过滤推荐算法的推荐质量在一定程度上有所提高，聚类参数 *K* 和初始聚类中心点的选择对整个聚类模型的准确性乃至解决新用户和新项目的冷启动问题的推荐算法是至关重要的，通过混合算法实现了用户项目聚类模型的构建，有效解决了协同过滤推荐算法存在的用户冷启动问题，同时验证了 Hadoop 集群对海量数据的处理相比单机模式具有显著的优势。

# 第 5 章　基于信任关系的推荐系统

## 5.1　信任关系

### 5.1.1　信任的定义

信任是人们在社会交往之中，对别人的认可程度，是一种主观情感。Golbeck[115]对信任的定义：若用户 *A* 认为根据用户 *B* 的行为进行决策将会产生积极意义，则 *A* 信任 *B*。在 Websterz 字典中，将信任定义为：依赖人、事或者物的真实性程度或者依赖目前暂时存在的或未来事物的程度。信任网络则由各个用户之间的信任关系构建而成，刻画用户间的信任程度。在我们日常生活中，主要依靠事情结果与其行为是否相互统一来评价对一个人的信任程度。

本章给出信任的定义为：在推荐过程中，用户对推荐用户行为的可靠性、真实性、安全性的认可程度。

信任这个概念在很多领域都有应用，从各个领域也衍生出对信任的不同定义。就推荐系统领域而言，信任大多数产生于商品交易之中，具体有下面几种情况：首先，当购买商品时，人们往往会优先考虑到朋友所推荐的商品，这基于用户对朋友的信任程度；其次，亲友向用户推荐项目时，用户便会对这件商品的看法发生改变以至于他们能够更快地决定是否购买；最后，针对陌生人的推荐，人们大多数采取的是观望、参考的态度，绝大部分情况下用户不会接受陌生人推荐的商品。

传统推荐系统仅基于所有用户的历史行为进行决策，模型是假定各个用户都是独立且没有联系的，未能充分考虑用户间的信任关系，融合信任到推荐算法中是十分有研究价值的，信任的程度能够引导用户的决定。用户对其越信任，越有可能接受其推荐商品。信任可以作为相似度的补充，通过引入信任关系能够提高推荐质量，对于解决数据的稀疏性问题和恶意推荐问题都有一定的作用。

### 5.1.2 信任关系的特征

通过对信任问题的研究以及根据 Abdul Rahman[116]的思想，总结了信任具有的性质。

（1）可度量性：可利用一定的信任评价机制对目标客体的诚信度进行动态实时的度量。

（2）主观性：每个人或网络节点对同一因素的认识会随着个体的心理、喜好、环境不同而不同。

（3）不确定性：由于信任具有主观性，当主体对客体不了解，从而不知是否信任以及多大程度信任时，这时所采取的行为是不确定的。

（4）有限传递性：信任值在传递的过程中，重要性会随着传递长度的增加而衰减。

（5）上下文相关性：在度量信任时，需要选定所要度量的信任因子，信任因子是针对个体的某项属性而言的。

（6）信任的非对称性：顾名思义，信任不具备对称性。例如，用户 $u_1$ 信任用户 $u_2$，并不能说明用户 $u_2$ 也信任用户 $u_1$。

（7）信任的动态性：信任值并不是固定的，就如人与人之间的关系随着时间流逝会发生变化，信任也在随着环境和时间的改变而增加或者衰减。若用户 $u_1$ 与用户 $u_2$ 在一段时间内没有交互，那么他们之间的信任度可能降低。

### 5.1.3 信任关系的优点

对于稀疏的用户—评分矩阵性，可以融入用户间的信任关系，建立社会化推荐模型，其主要有以下优点。

（1）传统的协同过滤推荐算法仅通过评分数据进行推荐，存在数据稀疏性、冷启动问题，所以当引入信任网络之后，能够通过用户间信任信息，对用户推荐符合其偏好的项目，提高推荐质量。

（2）融入信任信息，能够改善商品中的虚假评分，如果评分网络中存在着大量的虚假评分，那么引入的信任关系，可以将其标记为不信任，虚假评分者对系统产生的风险也会降低，较好地解决了推荐系统中的恶意推荐问题。

### 5.1.4 信任的度量方法

按照不同分类，信任也有多种度量方法，主流的信任分类大致三种：成对或者成组的方式、集中式或者分布式、全局的和局部的。其中最为流行的分类方式为全局的和局部的。本章主要利用全局信任和局部信任建立信任模型。

（1）全局信任度，又称为全局信任值，也可以称为全局信誉，通常代表用户在整个信任网络中的综合评价，当然是参考了其他多个节点对目标节点的信任度。

（2）局部信任度，它一般包含用户与用户之间的直接信任度和间接信任度，但本质上表示用户间一对一的信任。根据是否建立直接联系，其又可以分为直接信任和间接信任。

## 5.2 融合信任关系的推荐模型

### 5.2.1 计算信任关系

1. 全局信任度

全局信任度是用户在整个信任网络中的信誉度，也就是每个用户在当前信任网中，拥有的一个全局信任值。全局信任值的取值在区间[0,1]之内，计算公式如（5-1）所示。

$$T_v = \frac{ind(v) - \min(ind(w))}{\max(ind(w)) - \min(ind(w))} \tag{5-1}$$

式中：$ind(v)$为用户 $v$ 在信任网中的信任度，$ind(v)$值越大表示信任用户 $v$ 的人越多，那么用户 $v$ 的全局信任度也就越大；$\max(ind(w))$为信任网络中所有节点的最大信任入度；min((*ind*(*w*))为信任网络中所有节点的最小信任入度。

2. 局部相似度

全局信任度反映的是个体在整个网络中的可靠性，但是无法体现出用户之间信任的差异性。而局部信任度反映的是两个用户间一对一的信任关系，表现出了用户在信任网络中的个体差异性。尽管在推荐算法中引入信任关系可以很好地解决数据稀疏性和冷启动问题，但是信任矩阵往往也是稀疏的，所以要对新用户进行推荐仍然很困难。然而信任是可以传递的，因此利用信任传递特性填充信任矩阵可以有效解决信任的数据稀疏性问题。

3. 信任传播的计算

在基于信任的社交网络里，信任表征目标用户对其邻居的信任关系。在基于信任的推荐模型中，用户之间的信任关系指的是直接信任，间接信任关系在推荐过程中的作用没有得到体现。

如图 5-1 所示，用户 $u$ 对用户 $w$ 的直接信任值为 0.7，用户 $w$ 对用户 $v$ 的直接信任值为 0.5，依据信任的传递性，用户 $u$ 对非直接相邻用户 $v$ 的间接信任值 $t_{uv}$ 应该可以计算出来。

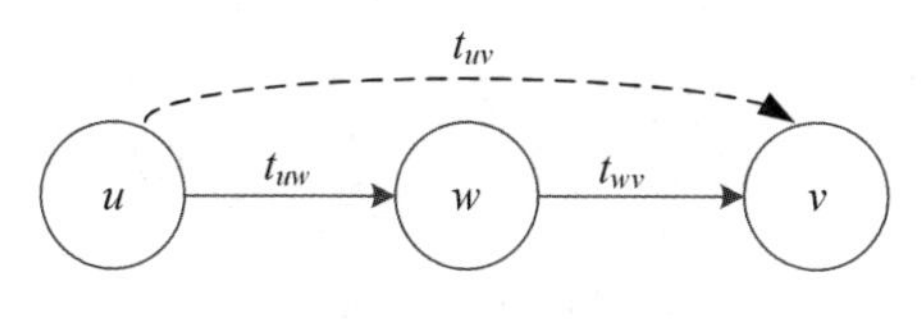


图 5-1 信任的传递性

MoleTrust[117]模型就是考虑信任传递特性来衡量信任关系的。在 MoleTrust 算法中，源用户 $u$ 对没有直接相连的用户 $v$ 的信任值度量如公式（5-2）所示。

$$t_{uv} = \frac{\sum_{k \in N(u)} t_{uk} t_{kv}}{\sum_{k \in N(u)} t_{uk}} \tag{5-2}$$

式中：$t_{uk}$ 为用户 $u$ 对用户 $k$ 的信任度；$t_{kv}$ 为用户 $k$ 对用户 $v$ 的信任度；$N(u)$表示用户 $u$ 的信任邻居集。

MoleTrust 模型虽然考虑了信任传播特性，却忽略了信任值应该正比于信任传播的路径长度。因此，本节在其基础上进行了一些改进，局部信任的计算如公式（5-3）所示。

$$t'_{uv} = \frac{1}{d} t_{uv} \tag{5-3}$$

式中：$d$ 为信任网中用户 $u$ 与用户 $v$ 连接的最短路径长度，也就是通过信任传播达到用户 $v$ 的最短距离。

本节采用深度优先算法搜索进行计算，为了避免路径过长，数据冗余和失真等“垃圾”数据的产生，根据的“六度区隔”理论[118]，即“用户和任意一个陌生人之间所间隔的人不会超过六个”，因此，本节对 $d$ 的范围限定在区间[0,6]。

采用线性组合方式将信任者的局部信任与被信任者的全局信任结合，得到用户 $u$ 对用户 $v$ 的最终信任度，如公式（5-4）所示。

$$T_{uv} = \beta t'_{uv} + (1-\beta)T_v \tag{5-4}$$

### 5.2.2 计算用户间相似性

利用皮尔逊相关系数公式，计算用户间的评分相似性，如公式（5-5）所示。

$$sim(u,v) = \frac{\sum_{i \in I_{uv}} (r_{ui} - \overline{r_u})(r_{vi} - \overline{r_v})}{\sqrt{\sum_{i \in I_{uv}} (r_{ui} - \overline{r_u})^2} \sqrt{\sum_{i \in I_{uv}} (r_{vi} - \overline{r_v})^2}} \tag{5-5}$$

式中：$r_{ui}$ 为用户 $u$ 对项目 $i$ 的评分值；$r_{vi}$ 为用户 $v$ 对项目 $i$ 的评分值；$I_{uv}$ 为用户 $u$ 与 $v$ 的共同评分项目集；$I_u$ 为用户 $u$ 的评分项目集；$I_v$ 为用户 $v$ 的评分项目集；$\overline{r_u}$ 为用户 $u$ 所有评分项目的平均值；$\overline{r_v}$ 为用户 $v$ 所有评分项目的平均值。

权衡信任关系和评分相似性关系对推荐结果的影响。得到用户 $u$ 和用户 $v$ 间的新的相似度 $\omega_{uv}$，可以通过公式（5-6）计算得到。

$$\omega_{uv} = \left(\frac{2ab}{a+b}\right) \times T_{uv} + \left(1 - \left(\frac{2ab}{a+b}\right)\right) \times sim(u,v) \tag{5-6}$$

考虑到信任值的传递会随路径的增长而减小，因此，在公式（5-6）中引入影响因子 $a$，其计算如公式（5-7）所示。

$$a=\frac{\sum_{r\in road(u,v)} t'_{uvr}}{|road(u,v)|} \tag{5-7}$$

式中：$t'_{uvr}$ 为第 $r$ 条路径上用户 $u$ 与用户 $v$ 的信任值；$road(u,v)$为信任网络中，用户 $u$ 连接到用户 $v$ 所有路径的集合；$|road(u,v)|$ 为用户 $u$ 到用户 $v$ 之间最短路径长度。

影响因子 $b$ 的计算如公式（5-8）所示。

$$b=\begin{cases}\dfrac{n}{n_2} & n_1 \leqslant n < n_2 \\ 0 & n < n_1 \\ 1 & \text{else}\end{cases} \tag{5-8}$$

式中：$n$ 为用户 $u$ 与 $v$ 共同评分项目的数量；$n_1$ 是推荐系统中对项目的最少评分数量；$n_2$ 是推荐系统中对项目的最多评分数量。当用户 $u$ 和 $v$ 的共同评分数量 $n$ 接近 $n_2$ 时，说明两个用户的偏好程度较高。

### 5.2.3 融合信任的概率矩阵分解模型

基于 PMF 的推荐模型，由于其推荐精度高而成为学术界最流行的推荐方法之一，其主要思想是通过矩阵分解技术将用户—项目评分数据映射到对应的低维隐特征空间，将用户对项目的预测评分对应到它们的隐向量的内积。基于 PMF 的推荐模型如图 5-2 所示。

本节将结合信任度与用户间评分相似度的新用户相似度，融入概率矩阵分解 PMF 框架中进行计算，建立新的推荐模型 TPMF（Fusion Trust Based on Probability Matrix Factorization），进一步提高推荐系统的精准度。

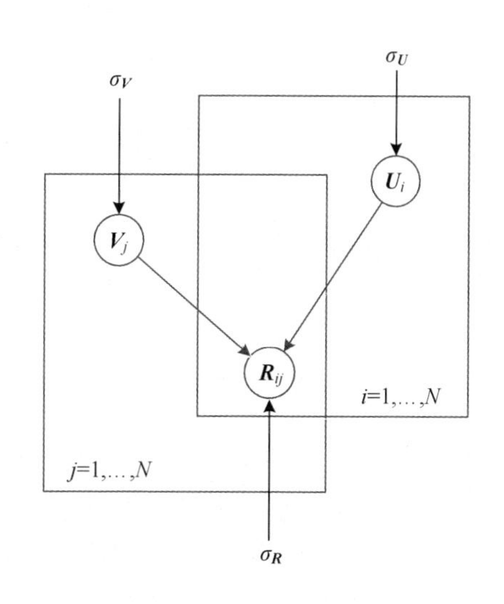


图 5-2 基于 PMF 的推荐模型

将 TPMF 模型分解后得到的用户 $i$、项目 $j$ 的隐特征向量，利用公式（5-9）进行修改。

$$\boldsymbol{U}_i'^T\boldsymbol{V}_j' = \alpha \boldsymbol{U}_i^T\boldsymbol{V}_j + (1-\alpha)\sum\nolimits_{k\in N_i}\omega_{ik}\boldsymbol{U}^T{}_k\boldsymbol{V}_j \tag{5-9}$$

式中：$N_i$为用户 $i$ 的最近邻居集；$\omega_{ik}$ 的定义见公式（5-6）。

那么，新推荐模型 TPMF 中用户 $i$ 对项目 $j$ 的评分 $\boldsymbol{R}_{ij}$，关于特征向量 $\boldsymbol{U}$、$\boldsymbol{V}$ 的条件概率分布，如公式（5-10）所示。

$$\begin{aligned}&p(\boldsymbol{U},\boldsymbol{V}\,|\,\boldsymbol{R},\boldsymbol{T}',\sigma_{\boldsymbol{R}}^2,\sigma_{\boldsymbol{U}}^2,\sigma_{\boldsymbol{V}}^2)\\&=\prod_{i=1}^{N}\prod_{j=1}^{M}\left[N(\boldsymbol{R}_{ij}\,|\,g(\alpha\boldsymbol{U}_i\boldsymbol{V}_j+(1-\alpha)\omega ik\boldsymbol{U}_k{}^T\boldsymbol{V}_j),\sigma_{\boldsymbol{R}}^2)\right]^{I_{ij}^{\boldsymbol{R}}}\\&\times\prod_{i=1}^{N}N(\boldsymbol{U}_i\,|\,0,\sigma_{\boldsymbol{U}}^2 I)\times\prod_{j=1}^{M}N(\boldsymbol{V}_j\,|\,0,\sigma_{\boldsymbol{V}}^2 I)\end{aligned} \tag{5-10}$$

式中：$\boldsymbol{U}\in\boldsymbol{R}^{d\times M}$ 和 $\boldsymbol{V}\in\boldsymbol{R}^{d\times N}$ 分别为用户、项目的特征矩阵，都满足均值为 0，方差为 $\sigma_{\boldsymbol{U}}^2$、$\sigma_{\boldsymbol{V}}^2$ 的高斯先验分布；$N(x\,|\,\mu,\sigma_{\boldsymbol{R}}^2)$ 为均值为 $\mu$、方差为 $\sigma_{\boldsymbol{R}}^2$ 的高斯分布；指示函数 $I_{ij}^{\boldsymbol{R}}=1$，表示用户 $u$ 对项目 $i$ 进行了评分，否则 $I_{ij}^{\boldsymbol{R}}=0$，$g(x)$=1/(1+exp(-$x$)) 是逻辑回归函数，限定用户对项目的评分值，使得评分值转换为[0,1]。

对公式（5-10）两边取对数后得到公式（5-11）。

$$\begin{aligned}&\ln p(\boldsymbol{U},\boldsymbol{V}\,|\,\boldsymbol{R},\boldsymbol{T}',\sigma_{\boldsymbol{R}}^2,\sigma_{\boldsymbol{U}}^2,\sigma_{\boldsymbol{V}}^2)\\&=-\frac{1}{2\sigma_{\boldsymbol{R}}{}^2}\sum_{i=1}^{N}\sum_{j=1}^{M}I_{ij}(\boldsymbol{R}_{ij}-g(\alpha\boldsymbol{U}_i\boldsymbol{V}_j+(1-\alpha)\omega ik\boldsymbol{U}_k^T\boldsymbol{V}_j))^2\\&-\frac{1}{2\sigma_{\boldsymbol{U}}{}^2}\sum_{i=1}^{N}\boldsymbol{U}_i^T\boldsymbol{U}_i-\frac{1}{2\sigma_{\boldsymbol{V}}{}^2}\sum_{i=1}^{N}\boldsymbol{V}_j^T\boldsymbol{V}_j\\&-\frac{1}{2}\left(\left(\sum_{i=1}^{N}\sum_{j=1}^{M}I_{ij}\right)\cdot\ln\sigma_{\boldsymbol{R}}^2+N\cdot D\cdot\ln\sigma_{\boldsymbol{U}}^2+M\cdot D\cdot\ln\sigma_{\boldsymbol{V}}^2\right)+C\end{aligned} \tag{5-11}$$

式中：$C$ 为不依赖于任何参数的常量；$D$ 为对应的隐特征矩阵的维数。最大化公式（5-11）的后验概率，等同于最小化目标函数公式（5-12）。

$$L(\boldsymbol{R},\boldsymbol{T}',U,\boldsymbol{V})=\frac{1}{2}\sum_{i=1}^{N}\sum_{j=1}^{M}I_{ij}(\boldsymbol{R}_{ij}-g(\alpha\boldsymbol{U}_i\boldsymbol{V}_j+(1-\alpha)\omega_{ik}\boldsymbol{U}_k^T\boldsymbol{V}_j))^2 \\ +\frac{\lambda_{\boldsymbol{U}}}{2}\sum_{i=1}^{N}\|\boldsymbol{U}_i\|_{\text{Fro}}^2+\frac{\lambda_{\boldsymbol{V}}}{2}\sum_{j=1}^{M}\|\boldsymbol{V}_j\|_{\text{Fro}}^2 \tag{5-12}$$

式中：$\lambda_U=\sigma^2/\sigma_U^2$，$\lambda_U=\sigma^2/\sigma_V^2$，$\|\ \|_{Fro}^2$ 为酋不变范数。本节的实验设 $\lambda_U=\lambda_V$，以降低算法的复杂度。

利用梯度下降方法对公式（5-12）求得极小值，得到了用户的隐特征向量 $\boldsymbol{U}$，项目的隐特征向量 $\boldsymbol{V}$。

$$\boldsymbol{U}_i^{t+1}=\boldsymbol{U}_i^t-\tau\Delta\boldsymbol{U}_i^t \tag{5-13}$$

$$\boldsymbol{V}_j^{t+1}=\boldsymbol{V}_j^t-\tau\Delta\boldsymbol{V}_j^t \tag{5-14}$$

式中：$\boldsymbol{U}_i^{t+1}$ 和 $\boldsymbol{V}_j^{t+1}$ 为迭代后的计算结果；$\boldsymbol{U}_i^t$ 和 $\boldsymbol{V}_j^t$ 为迭代之前的数值；$\tau$ 为迭代步长，则用户 $i$ 对项目 $j$ 的预测评分 $\hat{\boldsymbol{R}}_{ij}$ 为

$$\hat{\boldsymbol{R}}_{ij}=\boldsymbol{U}_i^T\boldsymbol{V}_j \tag{5-15}$$

## 5.3 实验评测及分析

### 5.3.1 实验平台

算法实现的软件与硬件环境配置见表 5-1。

表 5-1 软硬件环境配置表

| 项目 | 配置 |
|---|---|
| CPU、硬盘 | 3.5 GHz Intel Core i7；1TB 硬盘 |
| 内存 | 8GB |
| 网络 | 千兆交换机 |
| 操作系统 | Windows 7（64 位） |
| 编程环境 | Anaconda 3 |
| 开发语言 | Python 3.7 |

### 5.3.2 实验数据集

Epinions 是由 Epinios.com 网站提供的真实数据集，该网站成立于 1999 年。它是一个对文章的评论网站，用户可以在此网站提交他们的评论意见和看法，并且能够在[1,5]之间对项目评分，这些评分信息和评论等行为都会被系统记录，同时在其他用户来访时产生影响。该网站对每个用户都保留着信任列表，这个列表代表着用户与用户之间的行为关系，其信任关系是离散的 0、1 有向信任关系。

Ciao（ciao.co.uk）数据集通常被用于推荐系统实验。该数据集也包含了用户对电影的评分信息，评分值均在[1,5]之间，其信任关系也是 0、1 的有向信任关系。

两个数据集的具体信息见表 5-2。

表 5-2　数据集详细描述

| 数据集 | 用户数 | 项目数 | 评分数 | 评分稀疏度 | 信任关系 | 信任稀疏度 |
|---|---|---|---|---|---|---|
| Epinions | 49290 | 139738 | 664824 | 0.0118% | 487181 | 0.0215% |
| Ciao | 7375 | 106997 | 284086 | 0.036% | 111781 | 0.0245% |

### 5.3.3 实验结果及分析

1. 参数 $\alpha$ 对 TPMF 模型精度的影响

首先，评测式（5-9）中的参数 $\alpha$ 对 TPMF 模型的影响。若 $\alpha$=1，则 TPMF 模型就变成概率矩阵分解 PMF 模型，是用户正常偏好推荐；若 $\alpha$=0，则 TPMF 模型只通过信任关系预测用户偏好；当 $\alpha\in(0,1)$时，TPMF 模型将用户—项目评分矩阵 $\boldsymbol{R}$ 与用户间信任关系融入概率矩阵分解 PMF 模型中，预测用户对项目的评分。

本节将 Epinions 数据集进行随机分割，进行五折交叉验证和十折交叉验证，将其 80% 和 90% 作为训练集来计算 *MAE* 值和 *RMSE* 值。先假定隐特征矩阵的维数 $D=20$，目标函数迭代次数 $\eta$=40，确定了参数 $\alpha$ 的值后，再进行实验对隐特征矩阵维数 $D$ 取最优值。

（1）参数 $\alpha$ 对实验评价标准 *MAE* 值的影响。参数 $\alpha$ 对实验评价标准 *MAE* 值的影响如图 5-3 所示。

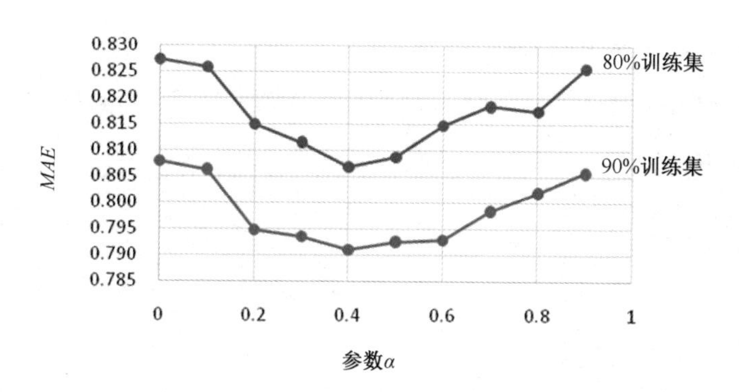


图 5-3　不同交叉验证参数 $\alpha$ 对评价标准 *MAE* 值的影响

图 5-3 展示了在隐特征矩阵维数 $D$=20、迭代次数 $\eta$=40 的条件下，参数 $\alpha$ 对 TPMF 模型的 *MAE* 值的影响。从图 5-3 可以得到以下结论：不论是将数据集的 80%还是 90%作为训练集进行交叉实验，*MAE* 值都随着 $\alpha$ 值的增加而变化，且呈现先下降后上升的趋势，并且当 $\alpha$=0.4 时，*MAE* 取得最小值。

（2）参数 $\alpha$ 对实验评价标准 *RMSE* 值的影响。参数 $\alpha$ 对实验评价标准 *RMSE* 值的影响如图 5-4 所示。

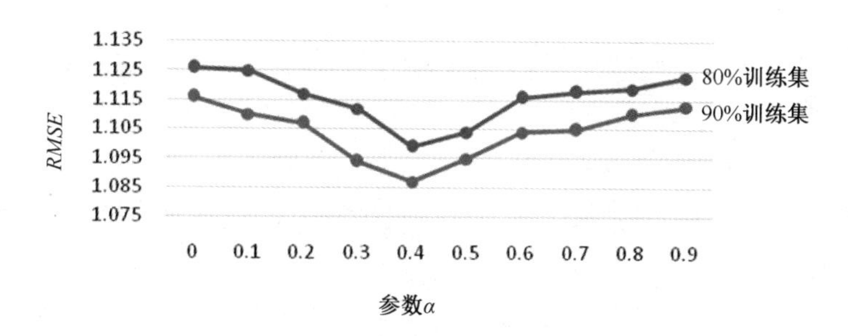


图 5-4　不同交叉验证参数 $\alpha$ 对评价标准 *RMSE* 值的影响

图 5-4 展示了在隐特征矩阵维数 $D$=20、迭代次数 $\eta$=40 的条件下，参数 $\alpha$ 对 *RMSE* 值的影响。从图 5-4 可以得到如下结论：不论是将数据集的 80%还是 90%作为训练集进行交叉实验，*RMSE* 值都随着 $\alpha$ 值的增加而变化，且呈现先下降后上升的趋势，然后再随参数 $\alpha$ 的增大而增大，并且当 $\alpha$=0.4 时，*RMSE* 取得最小值。

2. 参数 $\beta$ 对 TPME 模型精度的影响

在全局与局部信任的公式（5-4）中，参数 $\beta$ 对 *MAE* 值和 *RMSE* 的影响如图 5-5 和图 5-6 所示。

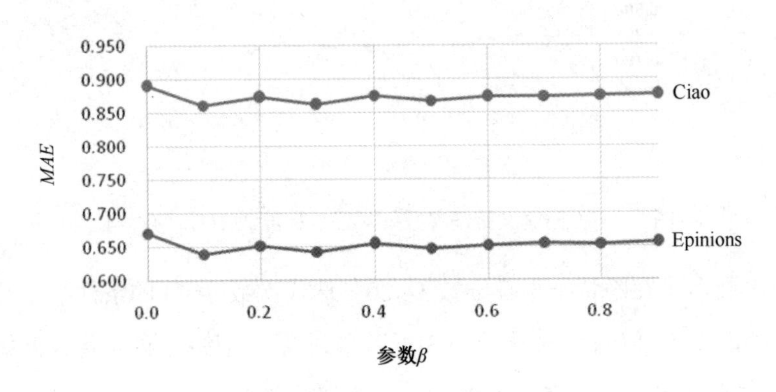


图 5-5　参数 $\beta$ 对 *MAE* 值的影响

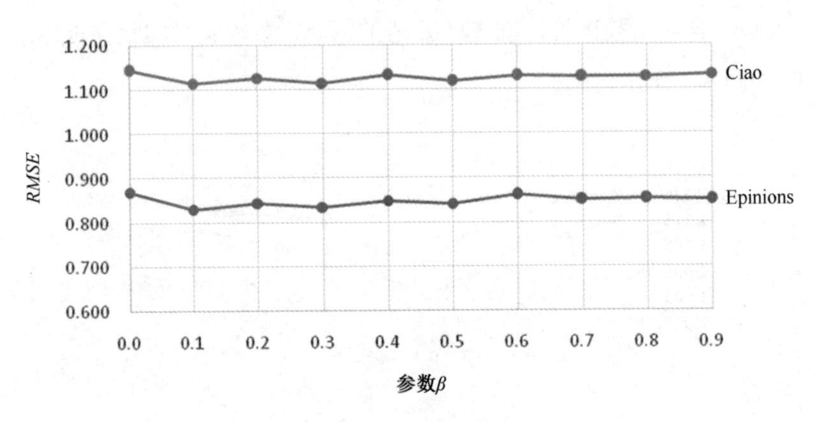


图 5-6　参数 $\beta$ 对 *RMSE* 的影响

图 5-5 和图 5-6 分别展现了参数 $\beta$ 对 *MAE* 值和 *RMSE* 值的影响。从图中能够看出，当 $\beta$ 为 0.1 和 0.3 时，无论是 *RMSE* 值还是 *MAE* 值，Ciao 和 Epinions 上的推荐准确度都达到最高。

3. 隐特征矩阵维数 $D$ 对信任感知推荐方法的影响

由图 5-7 和图 5-8 可知，无论是使用 80%还是 90%的数据集作为训练数据，

*MAE* 值和 *RMSE* 值都是随着隐特征矩阵维数 *D* 的增加而减小的。同时，当维数 *D* 大于某一阈值 80 时，*MAE* 值与 *RMSE* 值的下降趋势开始变得平滑。根据以上实验结果，本节取隐特征矩阵维数 *D*=80。

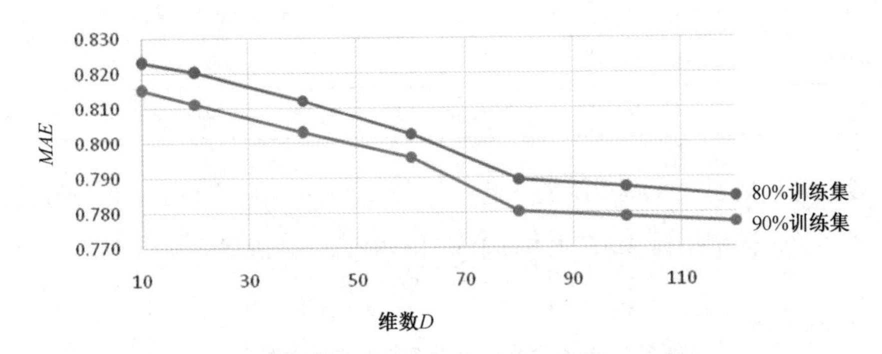


图 5-7 隐特征矩阵维数 *D* 对 *MAE* 值的影响

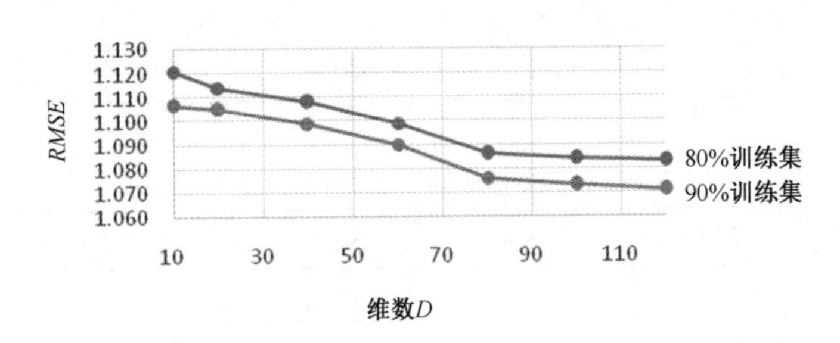


图 5-8 隐特征矩阵维数 *D* 对 *RMSE* 值的影响

在参数 $\alpha = 0.4$，$\beta = 0.1$，隐特征矩阵维数 *D*=80 以及迭代次数 $\tau = 40$ 的情况下，将 TPMF 与 4 种经典模型［PMF 模型、加权社交信息的推荐 RSTE（Recommendations with Social Trust Ensemble）模型、社交信息的推荐 SoRec（Social Recommendation）模型和社交信息的矩阵分解 SocialMF（Social Matrix Factorization）模型］分别在 Epinions 与 Ciao 两种数据集上进行了 *RMSE* 值与 *MAE* 值的比对。其中，数据集中的 80%作为训练集，20%作为测试集。模型的其他参数设置见表 5-3。

表 5-3 算法其他参数的设置

| 模型 | Epinions | Ciao |
|---|---|---|
| PMF | $\lambda_u = \lambda_v = 0.001$ | $\lambda_u = \lambda_v = 0.001$ |
| RSTE | $\lambda_u = \lambda_v = 0.001$，α=0.4 | $\lambda_u = \lambda_v = 0.05$，$\alpha = 0.4$ |
| SoRec | $\lambda_u = \lambda_v = 0.001$，$\lambda_c = 1$ | $\lambda_u = \lambda_v = 0.001$，$\lambda_c = 1$ |
| SocialMF | $\lambda_u = \lambda_v = 0.001$，$\lambda_T = 5$ | $\lambda_u = \lambda_v = 0.001$，$\lambda_T = 5$ |
| TPMF | $\lambda_u = \lambda_v = 0.001$，$\alpha = 0.4$，$\beta = 0.1$ | $\lambda_u = \lambda_v = 0.001$，$\alpha = 0.4$，$\beta = 0.1$ |

以上几种模型在 80%训练集下进行训练。隐特征矩阵维数 $D$=80。经过大量的交叉实验，评价指标 *MAE* 值和 *RMSE* 值如表 5-4、表 5-5 和图 5-9、图 5-10 所示。

表 5-4 在数据集 Ciao 上每个模型的性能比较

| 准确度 | PMF | SocialMF | SoRec | RSTE | TPMF |
|---|---|---|---|---|---|
| *MAE* 值 | 1.0556 | 0.8729 | 0.8773 | 0.9126 | 0.8665 |
| *RMSE* 值 | 1.303 | 1.1411 | 1.1653 | 1.2743 | 1.1377 |

表 5-5 在数据集 Epinions 上每个模型的性能比较

| 准确度 | PMF | SocialMF | SoRec | RSTE | TPMF |
|---|---|---|---|---|---|
| *MAE* 值 | 0.909 | 0.912 | 0.884 | 0.826 | 0.803 |
| *RMSE* 值 | 1.197 | 1.274 | 1.142 | 1.082 | 1.064 |

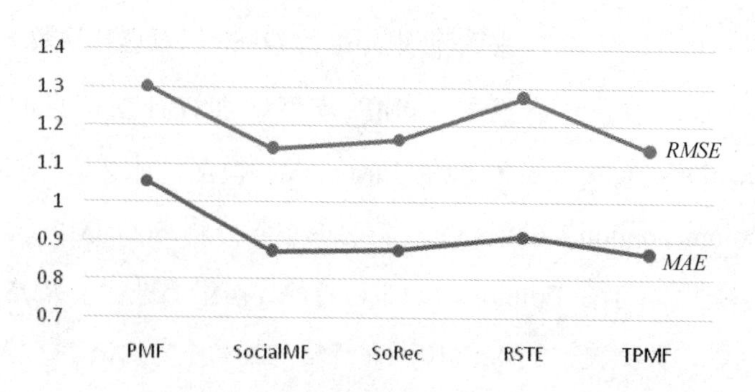


图 5-9 Ciao 数据集上各个算法的 *MAE* 值与 *RMSE* 值的比较

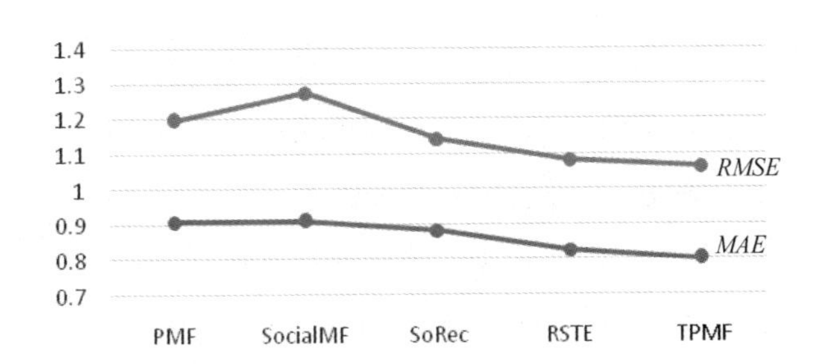


图 5-10 Epinions 数据集上各个算法的 *MAE* 值与 *RMSE* 值的比较

通过上述实验结果的对比，可得出以下结论：

（1）从图 5-9、图 5-10 可以看出，传统的 PMF 模型在引入信任后（如 RSTE、SoRec、SocialMF 模型）确实能够一定程度上解决因数据的稀疏导致推荐精准度低的问题。

（2）Ciao 数据集中信任数据较为稀疏，会导致 TPMF 模型的推荐精准度降低。

（3）相对于其他主流的经典推荐模型，虽然 RSTE 模型的推荐结果较优，但是由于该模型没有充分挖掘用户间的信任关系，导致比 TPMF 模型的推荐精度低。

（4）不论采用五折交叉验证，还是十折交叉验证，TPMF 模型在 *MAE* 值和 *RMSE* 值的评价指标上，都优于其他 4 种推荐模型。由此可知，TPMF 模型将评分、信任信息融合到概率矩阵分级模型 PMF 中，得到的用户与项目的隐特征矩阵维数更加准确，确实提高了推荐系统的质量。

## 5.4 小结

传统推荐系统仅基于用户的历史评分行为进行决策，模型没有考虑用户间的社会关系——用户间的信任度。信任的程度能够引导用户的决定，用户对其越信任，越有可能接受其推荐商品，信任可以作为评分相似度的有益补充。通过引入信任关系能够提高推荐精度，一定程度上解决数据的稀疏性、恶意推荐问题。因此，引入信任到推荐模型已经成为目前的研究热点。

本章研究的内容如下：

（1）针对传统信任模型的缺陷，本章通过信任模型基于用户之间的直接信任关系和一定的信任传播规则，结合全局和局部信任得到新信任关系模型，充分挖掘出更多新的用户之间的信任关系并用于推荐服务。

（2）权衡信任关系和评分相似性关系对推荐结果的影响；得到用户 $u$ 和用户 $v$ 间的新的相似度。

（3）建立新的基于信任的推荐模型 TPMF，一定程度上解决了传统推荐系统中存在的数据稀疏性和恶意推荐的问题。

（4）实验结果证明，本章提出的 TPMF 推荐模型在各个评测标准中都明显优于其他几种经典的推荐模型。

# 第 6 章　融合多源数据的推荐系统

将深度学习与传统的推荐方法结合，发挥两种方法各自的优势，已成为提高推荐系统质量的一种重要手段。但是，目前已有相关研究还存在较多缺陷。针对从项目评论信息中提取特征的单一性、准确性不高问题，本章提出了融合 LDA（Latent Dirichlet Allocation）主题生成模型与卷积神经网络 CNN 模型的概率矩阵分解推荐模型 LCPMF（LDA and Convolutional Neural Networks Based on Probability Matrix Factorization）。该模型分别使用 LDA 主题生成模型和 CNN 模型对项目评论文本建模，获取项目评论文本的主题特征及全局深层语义特征，提高推荐系统的质量。针对 LCPMF 模型中用户隐特征随机初始化的问题，本章利用深度学习模型栈式降噪自动编码器 SDAE 提取用户隐特征信息，然后将它与 LCPMF 模型结合，构建了 SLCPMF（SDAE and LCPMF）新推荐模型，进一步提高推荐质量。

## 6.1　融合评论数据的推荐系统

### 6.1.1　项目文本的主题建模

在推荐系统中，使用 LDA 主题生成模型对项目评论文本建模，获取文档的低维主题特征，提高了推荐的准确率。

1. LDA 主题生成模型

主题模型是文本挖掘中最主要的技术之一，广泛应用于数据挖掘与文本分类等领域。LDA 主题生成模型是一种概率主题建模方法，是一种非监督机器学习技术，用于识别文档中潜在的主题词信息。LDA 主题生成模型也称为三层贝叶斯概率模型，它包含词、主题和文档三层结构[116]。所谓生成模型，就是“文档以一定概率选择了某个主题，并从这个主题中以一定概率选择某个词语”并以此过程得到文档中每个词。

文档到主题服从多项式分布，主题到词服从多项式分布。因此，同一文档下，将某个主题出现的概率，以及同一主题下，某个词出现的概率相乘，就可以得到某篇文档中出现某个词的概率。LDA 主题生成模型结构图如图 6-1 所示。

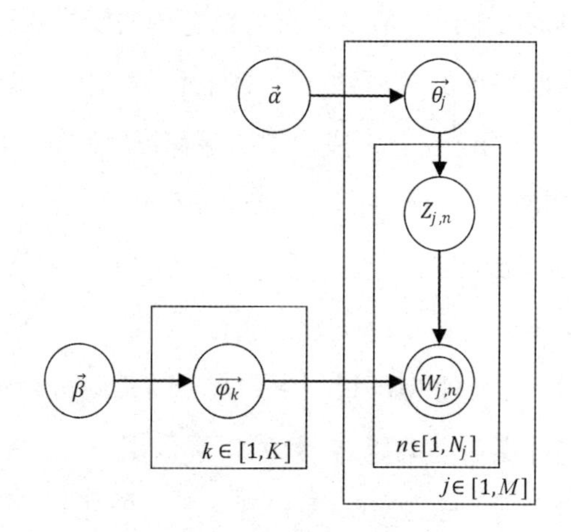


图 6-1　LDA 主题生成模型结构图

在 LDA 主题生成模型中，一篇文档生成的步骤如下[119-120]。

（1）按照先验概率 $p(j)$ 选择一篇文档 $j$。

（2）从 Dirichlet 分布 $\vec{\alpha}$ 中取样生成文档 $j$ 的主题多项式分布 $\vec{\theta}_j$，其中 $\vec{\alpha}$ 为超参数。

（3）从主题的多项式分布 $\vec{\theta}_j$ 中取样生成文档 $j$ 第 $n$ 个词的主题 $Z_{j,n}$。

（4）从 Dirichlet 分布 $\vec{\beta}$ 中取样生成主题 $Z_{j,n}$ 对应的词语多项式分布 $\vec{\varphi}_k$，其中 $\vec{\beta}$ 为超参数。

（5）从词语的多项式分布 $\vec{\varphi}_k$ 中采样最终生成词语 $W_{j,n}$。

2. 提取项目的主题信息

本节通过 LDA 主题生成模型获取文档潜在主题特征。该模型获取的主题信息虽然忽略了特征之间的关联性，但是可以表示出项目评论文档的局部显著特征。

由于每一个项目有很多评论，为了方便之后的推荐系统的实现，本节将一个项目的所有评论数据组合为文档中的一行。每一个项目的评论由不同概率分布的主题构成，而不同单词的概率分布又组成了某个主题，此过程将文本信息转化成易于建模的向量特征。针对每个项目的评论，从项目评论的全部主题分布中选择评论主题，从被抽到的评论主题下的单词分布中提取一个单词，重复此过程，直到遍历评论中的每个单词。

LDA 主题生成模型认为每篇文档代表多个主题概率分布，而每个主题可以由多个不同的词概率分布表征。LDA 主题生成模型的核心公式如（6-1）所示。

$$p(W_{j,n} \mid j) = p(W_{j,n} \mid k_n) \cdot p(k_n \mid j) \tag{6-1}$$

式中：$W_{j,n}$ 为项目 $j$ 评论的第 $n$ 个单词；$k_n$ 为第 $n$ 单词对应的主题 $k$。所以本节获取项目评论文档主题信息的过程如下。

输入：项目评论信息矩阵，其中每一行 $Y_j$ 由一个项目的所有评论数据构成。

输出：项目评论文档的主题信息。

步骤 1　从评论主题分布中选取一个主题。

步骤 2　从选中的项目主题下的单词分布中选取一个单词。

步骤 3　重复步骤 1、步骤 2 过程直至遍历文档中的每一个单词，最后输出 LDA 主题生成模型。

步骤 4　评论中每个主题下对应单词由概率的高低进行降序排列，对应的单词进行词向量转换，并与该单词概率进行相乘，然后把得到的词概率向量进行加权得到对应的主题词向量表示。

步骤 5　评论中每个主题按照概率的高低进行降序排列，每个评论文档的不同主题概率分别与对应的主题词向量进行相乘，然后加权得到评论文档的主题向量。

LDA 主题生成模型可以用来识别大规模文档集的主题信息。它采用了词袋（Bag of Words）方法进行词嵌入表示，但是词袋方法没有考虑词与词之间的顺序。同时，该方法没有考虑文档的主题间的相关性，使得 LDA 主题生成模型提取评论文档的主题特征的准确性不高。

### 6.1.2 项目文本的卷积神经网络建模

深度学习模型能够提取到文本深层次的语义特征，因此，综合考虑项目评论文本的主题信息与深层语义信息，使用 LDA 主题生成模型捕获评论文档的离散主题特征之后，再采用卷积神经网络提取项目评论文档的全局、连续的深层语义特征，使得项目评论文本的特征更加完备，进一步提高推荐系统的质量。

1. 卷积神经网络

（1）网络结构。卷积神经网络 CNN 属于有监督学习的深度神经网络，卷积层和池化层是实现卷积神经网络 CNN 特征提取功能的核心模块[121]。该网络模型通过最小化损失函数，对卷积神经网络中的权重参数进行逐层反向调节，并通过梯度下降算法迭代训练网络。

输入层：卷积神经网络的输入层可以处理多维数据，与其他神经网络算法类似，首先需要对输入的数据集进行预处理，处理方式包括标准化、归一化、PCA 降维等。

卷积层：卷积神经网路中每个卷积层由若干卷积单元组成，每个卷积单元的参数都是通过反向传播算法优化得到的。卷积运算的目的是提取输入的不同特征，第一层卷积层只能提取一些低级的特征，更多层的网络能从低级特征中迭代提取更复杂的特征。

池化层：通常在卷积层之后会得到维度很大的特征，使用池化层进行特征选择。池化层是一种降维采样过程，将特征切成若干区域，取其中最大值或平均值，得到新的、维度较小的特征。

全连接层：把所有局部特征结合变成全局特征。

输出层：把得到的全局特征根据下游的场景进行输出。

（2）模型的训练。卷积神经网络的训练过程采用误差反向传播算法，以均方误差定义其损失函数，如公式（6-2）所示。

$$E(W,b)=\frac{1}{2N}\sum_{x}\left\|y(x)-f^{m}(x)\right\|^{2} \tag{6-2}$$

式中：$W$ 为卷积神经网络的权重；$b$ 为偏置；$N$ 为训练数据的总个数；$m$ 为网络的层数；$f$ 为激活函数。误差反向传播算法是计算 $E(W,b)$分别关于 $W$ 和 $b$ 的偏导数。

2. 项目评论文本的卷积神经网络建模

卷积神经网络 CNN 模型的多层卷积可以提取到项目评论文本的全局及深层语义特征信息。其处理过程如图 6-2 所示。

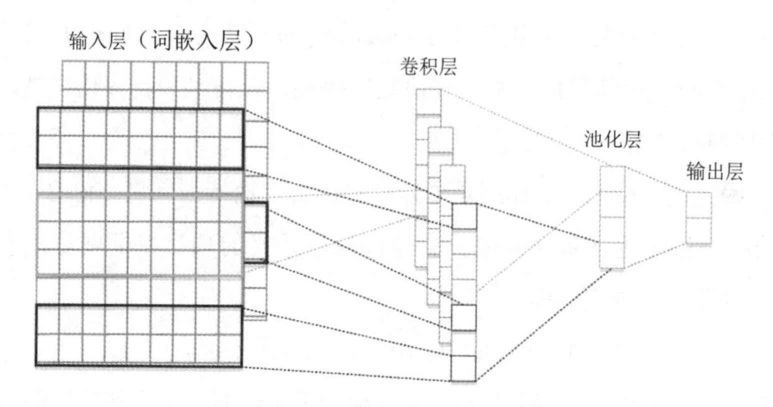


图 6-2　卷积神经网络结构

（1）输入层（词嵌入层）：卷积神经网络使用的数据集为项目评论，输入层是利用词嵌入向量模型 word2Vec 进行建模，每个词向量维度设置为 200，项目评论的最大长度的初始值设置为 300，组成的项目评论文本矩阵如下式所示。

$$\boldsymbol{E}=\begin{bmatrix} d_{1,1}\cdots & d_{1,j\text{-}i} & \cdots & d_{1,j} \\ d_{2,1}\cdots & d_{2,j-i} & \cdots & d_{2,j} \\ \cdots & \cdots & \cdots & \cdots \\ d_{k,1}\cdots & d_{k,j-i} & \cdots & d_{k,j} \end{bmatrix}$$

式中：矩阵 $\boldsymbol{E}$ 的每一行为评论词的词嵌入向量。

（2）卷积层：对项目评论文本 $\boldsymbol{E}$ 提取特征。其中滑动窗口的大小设置为 2、3、4。卷积神经网络模型的卷积操作如公式（6-3）所示。

$$T = relu\left(\sum_{i=0}^{n}\sum_{j=0}^{m} w_{i,j}\boldsymbol{E}\right) \tag{6-3}$$

式中：$relu$ 为激活函数；$T$ 为某个卷积核上的激活值；$w_{i,j}$ 为共享权重；$\boldsymbol{E}$ 为项目评论文本。

经过以上卷积操作，卷积层的输出表示如下：

$$T=[T_1, T_2, ..., T_i, \ldots, T_n]$$

式中：$T_i$ 为卷积计算之后的特征向量，也是池化层的输入数据。

（3）池化层：池化层有两种池化方式，即平均池化与最大池化。本节采用最大池化方式，池化的大小计算方式为（$max\text{-}length\text{-}slidingwindow+1$）×1，每一个卷积核大小对应一个计算值，把这些值进行拼接，就得到项目评论文本经过池化操作后新的特征向量。

（4）输出层：输出层的作用是映射生成项目评论特征向量。利用卷积神经网络将原始的项目评论文本转换成具有全局深层语义的项目特征向量。利用公式（6-4）计算得到 $L$ 维空间向量。

$$cnn(W^v, Y_j) = relu(\boldsymbol{H}_2\{relu(\boldsymbol{H}_1 d_z + b_1)\} + b_2) \tag{6-4}$$

式中：$\boldsymbol{H}_1$、$\boldsymbol{H}_2$ 为映射（转换）矩阵；$\boldsymbol{b}_1$、$\boldsymbol{b}_2$ 为偏置向量；$d_z$ 为池化层的输出；$Y_j$ 为卷积神经网络的输入；$W^v$ 为卷积神经网络的参数。

### 6.1.3 基于项目评论特征构建推荐系统

将 LDA 主题生成模型和卷积神经网络 CNN 模型分别提取到维度相同的项目评论主题特征信息及深层语义特征信息，进行线性加权得到项目评论文本新的特征向量，计算公式如（6-5）所示。

$$\boldsymbol{S}_j = (1-\omega)\theta_j + \omega cnn(W^v, Y_j) \tag{6-5}$$

式中：$\boldsymbol{S}_j$ 为项目评论文本新的特征向量；$\omega$ 为主题信息与语义信息的权重；$\theta_j$ 为利用 LDA 主题生成模型获取的评论主题信息；$cnn(W^v, Y_j)$ 为利用卷积神经网络 CNN 模型获取的评论深层语义特征信息。由公式（6-5）可得到项目评论文本的多层次特征表示，解决了项目评论文本特征表示不准确、不完备的问题。

将项目评论文本的多层次特征向量 $\boldsymbol{S}_j$ 融入 PMF 模型中，得到 LCPMF 模型，如图 6-3 所示。

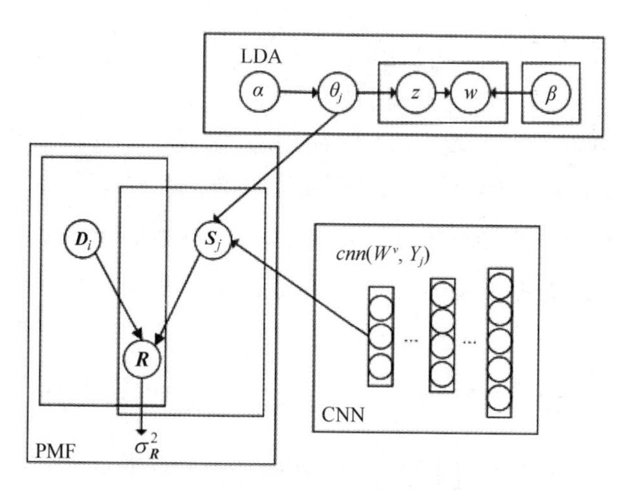


图 6-3　LCPMF 模型

图 6-3 中：$\boldsymbol{R}$ 为原始评分矩阵；$\boldsymbol{D}_i$ 为用户隐特征向量；$\boldsymbol{S}_j$ 为项目多层隐特征向量；$\theta_j$ 为主题信息；$cnn(W^v,Y_j)$ 为卷积神经网络的输出（$W^v$ 为卷积神经网络的共享权重，$Y_j$ 为卷积神经网络的输入）。

对于传统的概率矩阵分解 PMF 模型，用户对项目评分 $\boldsymbol{R}_{ij}$ 的条件概率分布计算如公式（6-6）所示。

$$p(\boldsymbol{R}\mid D,S,\sigma_{\boldsymbol{R}}^2)=\prod_{i=1}^{N}\prod_{j=1}^{M}\left[N(\boldsymbol{R}_{ij}\mid \boldsymbol{D}_i^T\boldsymbol{S}_{\,j},\sigma_{\boldsymbol{R}}^2\right]^{I_{ij}} \tag{6-6}$$

式中：$\boldsymbol{D}_i$ 与 $\boldsymbol{S}_j$ 分别为用户与项目的隐特征向量；$N(\boldsymbol{R}_{ij}\mid \boldsymbol{D}_i^T\boldsymbol{S}_j,\sigma_{\boldsymbol{R}}^2)$ 为均值为 $\boldsymbol{D}_i^T\boldsymbol{S}_j$、方差为 $\sigma_{\boldsymbol{R}}^2$ 的高斯正态分布的概率密度函数。指示函数 $I_{ij}=1$，表示用户 $u$ 对项目 $i$ 进行了评分，否则 $I_{ij}^{\boldsymbol{R}}=0$。

用户隐特征表示 $D$ 是服从 $\mu=0$，$\sigma^2=\sigma_D^2$ 的高斯先验分布，如公式（6-7）所示。

$$p(D\mid\sigma_D^2)=\prod_{i=1}^{N}N(\boldsymbol{D}_i\mid 0,\sigma_D^2) \tag{6-7}$$

项目隐特征表示 $S$ 是服从 $\mu=0$，$\sigma^2=\sigma_S^2$ 的高斯先验分布，如公式（6-8）所示。

$$p(S|\sigma_S^2)=\prod_{j=1}^{N}N(\boldsymbol{S}_j|0,\sigma_S^2) \tag{6-8}$$

而在 LCPMF 模型中，项目的隐特征 S*（项目隐特征的多层次表示）不再由公式（6-8）高斯分布生成，而是由 4 个变量构成，分别为项目评论文本$Y_j$、卷积神经网络的权重$W^v$、主题分布$\theta_j$（$\theta_j \sim Dirichlet(\alpha)$），以及高斯噪声$\rho_j$，即从 LC 模型提取的项目隐特征 S*满足均值为$\omega cnn(W^v,Y_j)+(1-\omega)\theta_j$，方差为$\rho_j$的高斯分布。

因此，优化后的项目隐特征 S*的条件概率如公式（6-9）所示。

$$p(S^*|Y_j,\omega,\sigma_{S^*}^2)=\prod_{j=1}^{M}N(S_j^*|\omega cnn(W^v,Y_j)+(1-\omega)\theta_j,\sigma_{s^*}^2) \tag{6-9}$$

$$S^*=\omega cnn(W^v,Y_j)+(1-\omega)\theta_j+\rho_j$$

令卷积神经网络的权重$W^v$与高斯噪声$\rho_j$也服从高斯分布，如公式（6-10）和公式（6-11）所示。

$$W^v \sim N(0,\sigma_{W^v}^2 I) \tag{6-10}$$

$$\rho_j \sim N(0,\sigma_{\rho_j}^2 I) \tag{6-11}$$

为了对 LCPMF 模型中的变量进行优化，使用最大后验估计，根据贝叶斯定理可以得到公式（6-12）。

$$\begin{aligned}&\max_{D,S^*,W^v} p(D,S^*|R,Y_j,\sigma_{\boldsymbol{R}}^2,\sigma_{W^v}^2)\\&=\max_{D,S^*,W^v} p(\boldsymbol{R}|D,S^*,\sigma_{\boldsymbol{R}}^2)p(D|0,\sigma_D^2)p(S^*|Y_j,\sigma_{S^*}^2)p(W^v|0,\sigma_{W^v}^2)\end{aligned} \tag{6-12}$$

对公式（6-12）两边同时取对数求解，可以得优化之后的目标函数，如公式（6-13）所示。

$$\begin{aligned}Loss=&\frac{1}{2}\sum_{i}^{N}\sum_{j}^{M}I_{ij}(\boldsymbol{R}_{ij}-S^*D^T)+\frac{\lambda_{S^*}}{2}\sum_{j}\left\|S^*-(1-\omega)\theta_j-\omega cnn(W^v,Y_j)\right\|\\&+\frac{\lambda_{W^v}}{2}\sum_{j}\left\|W^v\right\|_2+\sum_{j,n}\log(\sum_{k}\theta_{jk}\beta_{k,w_{jn}})+\frac{\lambda_D}{2}\sum_{i}\left\|D\right\|_2\end{aligned} \tag{6-13}$$

式中：$\boldsymbol{R}_{ij}$为原始评分数据；$S^*D^T$为预测评分；$D$ 为用户的隐特征表示；$S^*$为项目隐特征表示；$W^v$为卷积神经网络权重；$Y_j$为卷积神经网络的输入；$w_{jn}$为单词；

$\theta_{jk}$ 为第 $j$ 个项目的主题分布；$k$ 为主题，且 $\lambda_D = \dfrac{\sigma^2}{\sigma_D^2}$，$\lambda_{S^*} = \dfrac{\sigma^2}{\sigma_{S^*}^2}$，$\lambda_{W^v}^2 = \dfrac{\sigma^2}{\sigma_{W^v}^2}$。

*Loss* 损失函数进行求解时，采用梯度下降法对用户隐特征向量和项目隐特征向量进行迭代更新，如公式（6-14）所示。

$$\boldsymbol{D}_i \leftarrow (S^* \boldsymbol{I}_i S^{*T} + \lambda_D \boldsymbol{I}_k)^{-1} S^* R_i$$
$$\boldsymbol{S}_j^* \leftarrow (D\boldsymbol{I}_j D^T + \lambda_{S^*} \boldsymbol{I}_k)^{-1} DR_j + \lambda_{S^*}((1-\omega)\theta_j)) + \omega cnn(W^v, Y_j)) \qquad (6\text{-}14)$$

式中：$\boldsymbol{I}_i$、$\boldsymbol{I}_j$ 为对角矩阵；$\lambda_D$、$\lambda_{S^*}$ 为正则化参数。

在确定 $\boldsymbol{S}_j^*$ 之后，采用误差反向传播算法对卷积神经网络进行训练，对模型参数进行更新。

最后，利用得到的用户隐特征向量 $\boldsymbol{D}_i$ 和项目隐特征向量 $\boldsymbol{S}_j^*$ 预测评分：$\tilde{\boldsymbol{R}}_{ij} = \boldsymbol{D}_i^T \boldsymbol{S}_j^*$。

## 6.2 融合评分与评论数据的推荐系统

针对 LCPMF 模型中用户隐特征随机初始化的问题，本节利用深度学习模型栈式降噪自动编码器 SDAE 提取用户隐特征信息，然后将它与 LC 模型捕获到的项目评论隐特征融合到概率矩阵分解 PMF 模型中，构建 SLCPMF 推荐模型。

### 6.2.1 栈式降噪自编码器

1. SDAE 模型结构

自编码器（Autoencoder，AE）是一种能够通过无监督学习将输入信息作为学习目标，对输入信息进行表征学习（Representation Learning）的人工神经网络，它由编码器与解码器构成[122]。编码器获取给定的输入并将其映射到隐藏层表示，而解码器是将该隐藏层表示进行映射重构。重构的含义是将输入层与输出层的数据尽可能地接近，此过程是通过网络参数的调整实现的，这样输入层数据的特征就可以用隐藏层数据进行表示。自编码器结构图如图 6-4 所示。

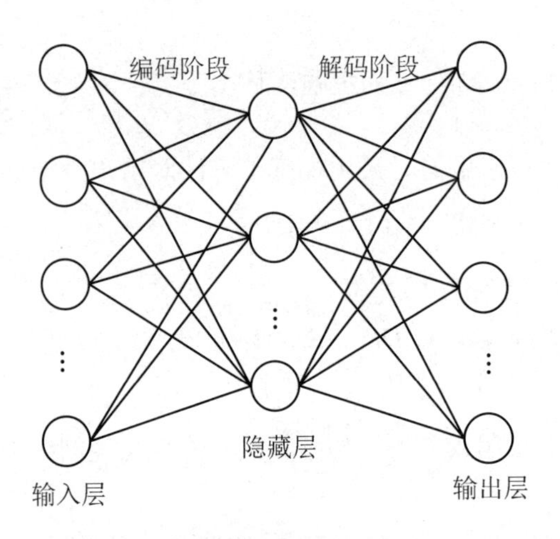


图 6-4　自编码器结构图

自编码器 AE 泛化能力较弱，所以在自编码器 AE 的基础上提出了降噪自编码器 DAE（Denoising Autoencoder）。降噪自编码器是在输入数据中加入噪声，破坏原来完整的数据，在训练过程中重构输入数据时，就需要学习到不含有噪声的输入数据，提取到鲁棒性更好的特征，从而提升模型的泛化能力。降噪自编码器 DAE 的结构如图 6-5 所示。

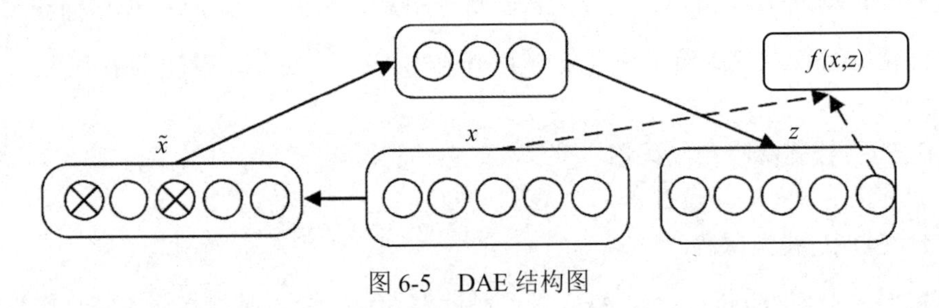


图 6-5　DAE 结构图

图中：$x$ 为原始数据；$\tilde{x}$ 为加入噪声的数据（例如，高斯噪声：$\tilde{x} = x + \varepsilon$，$\varepsilon \sim N(0,\sigma^2 I)$）；$z$ 为重构数据；$f(x,z)$ 为目标函数。

由于浅层降噪自编码器 DAE 提取特征会有局限性，因此联合多个 DAE 模型学习输入数据，能够提取到更有效的特征信息，这种深度模型称为栈式降噪自编码器 SDAE。该模型具有强大的表达能力，采用非监督逐层贪婪训练算法进行训练[123]，如图 6-6 所示。

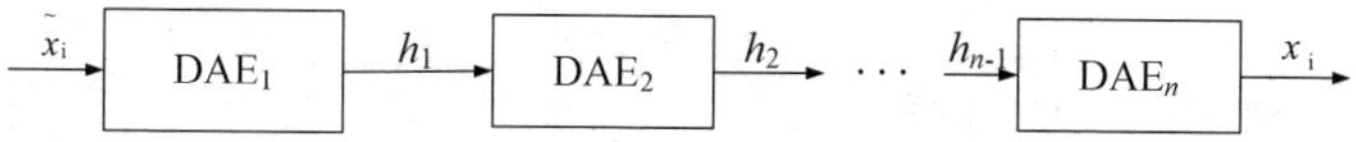

图 6-6 SDAE 结构

图中：输入数据 $\tilde{x}_{\mathrm{i}}$ 为加入噪声的评分数据。利用公式（6-15）对隐藏层 $\boldsymbol{h}_n$ 进行编码。

$$h_n = f(\boldsymbol{W}_n h_{n-1} + \boldsymbol{b}_n) \tag{6-15}$$

输出层 $n$ 的输出结果利用公式（6-16）计算所得。

$$x_i = f(\boldsymbol{W}'_n h_n + \boldsymbol{b}'_n) \tag{6-16}$$

式中：$\boldsymbol{W}_n$、$\boldsymbol{W}'_n$ 为栈式降噪自编码的权重矩阵；$\boldsymbol{b}_n$、$\boldsymbol{b}'_n$ 为栈式降噪自编码的偏置向量。

SDAE 模型的目标（损失）函数如公式（6-17）所示。

$$Loss = \left\| X_{\text{input}} - X_{\text{output}} \right\|^2 + \lambda\left(\left\|w_l\right\|_F^2 + \left\|b_l\right\|_F^2\right) \tag{6-17}$$

式中：$\lambda$ 为正则化系数，能够减少权重比重，防止过拟合。经过对降噪自动编码器 SDAE 的训练，可以捕获用户的隐特征表示。

2. SDAE 模型训练过程

本节采用四层 DAE 网络结构的 SDAE 模型训练用户评分向量，生成用户隐特征向量的步骤如下。

步骤 1　SDAE 模型的输入数据为用户评分向量，并在数据中随机加入一些噪声，防止学习到恒等函数。

步骤 2　训练方式为逐层贪婪训练。首先进行第一层 DAE 训练，当训练完成后，得出第一层的网络参数及隐藏层编码。当训练第二层网络时，把第一层的隐藏层编码作为第二层网络的输入。依次进行迭代，当第四层 SDAE 训练完成后，得到单独训练各层 DAE 的编码和模型参数。

步骤 3　把步骤 2 训练的参数赋给这个网络模型，作为 SDAE 模型的初始值，利用误差反向传播的方法进行参数微调，直到模型收敛。

步骤 4　当 SDAE 网络训练完成之后，使用最后一层 DAE 的隐层作为用户评分向量的有效特征，即目标用户隐特征向量。

### 6.2.2 构建 SLCPMF 模型

SLCPMF 模型结构图如图 6-7 所示。图中：$\boldsymbol{R}$ 为评分矩阵；$\boldsymbol{D}_i$ 为用户隐特征向量；$\boldsymbol{S}_j$ 为多层次的项目隐特征向量。

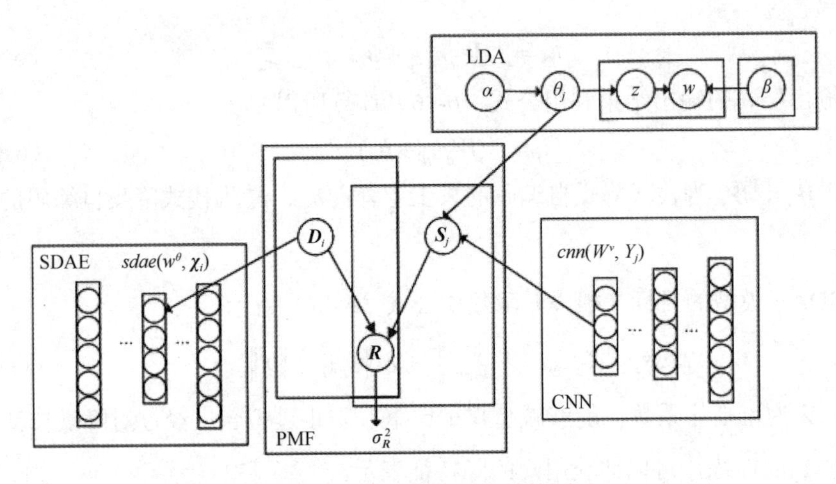


图 6-7　SLCPMF 模型结构图

在图 6-7 中，$\theta_j$ 为主题信息。$cnn(W^v, Y_j)$ 为卷积神经网络的输出，其中 $W$ 为卷积神经网络的共享权重，$Y_j$ 为卷积神经网络的输入。$sdae(w^\theta, \chi_i)$ 为栈式降噪自编码器的输出，其中 $w^\theta$ 为栈式降噪自编码器的权重参数，$\chi_i$ 为栈式降噪自编码器的输入。

首先利用 SDAE 模型提取用户隐特征向量 $\boldsymbol{D}_i^*$，再利用 LC 模型学习多层次项目特征向量 $\boldsymbol{S}_j^*$，然后将二者融入 PMF 模型中，代替原始的用户隐特征向量 $\boldsymbol{D}_i$ 与项目隐特征向量 $\boldsymbol{S}_j$，最后重构评分矩阵 $\boldsymbol{R}$。

与 LCPMF 模型不同的是，用户隐特特征不再是由高斯分布生成，而是由三个变量构成，分别是用户评分向量 $\chi_i$、权重 $w^\theta$、高斯噪声 $q_i$，即从 SDAE 模型提取的用户隐特征表示 $\boldsymbol{D}$*满足 $sdae(w^\theta, \chi_i)$ 为均值，$q_i$ 为方差的高斯分布。因此，被优化后的用户隐特征向量的条件概率表达如公式（6-18）所示。

$$p(\boldsymbol{D}^* \mid \chi_i, w^\theta, \sigma_{\boldsymbol{D}^*}^2) = \prod_{i=1}^{N} N(\boldsymbol{D}_i^* \mid sdae(w^\theta, \chi_i), \sigma_{\boldsymbol{D}^*}^2) \tag{6-18}$$

式中：$\boldsymbol{D}^*$为由 SDAE 模型生成的用户隐特征，如公式（6-19）所示。

$$\boldsymbol{D}^* = sdae(w^\theta, \boldsymbol{\chi}_i) + q_i \tag{6-19}$$

令 SDAE 模型的权重 $w^\theta$ 和高斯噪声 $q_{\mathrm{i}}$ 也服从高斯分布，如公式（6-20）和公式（6-21）所示。

$$w^\theta \sim N(0, \sigma_{w^\theta}^2 I) \tag{6-20}$$

$$q_i \sim N(0, \sigma_{q_i}^2 I) \tag{6-21}$$

为了对 SLCPMF 模型中的变量进行优化，使用最大后验估计，根据贝叶斯公式可得出公式（6-22）。

$$\max_{\boldsymbol{D}^*, S^*, W^v, w^\theta} p(\boldsymbol{D}^*, S^* \mid \boldsymbol{R}, \gamma_i, Y_j, \sigma_{\boldsymbol{R}}^2, \sigma_{\boldsymbol{D}^*}^2, \sigma_{S^*}^2, \sigma_{W^v}^2, \sigma_{w^\theta}^2) =$$
$$\max_{\boldsymbol{D}^*, S^*, W^v, w^\theta} p(\boldsymbol{R} \mid \boldsymbol{D}^*, S^*, \sigma_{\boldsymbol{R}}^2) p(\boldsymbol{D}^* \mid 0, \sigma_{\boldsymbol{D}^*}^2) p(S^* \mid Y_j, \sigma_{S^*}^2) p(W^v \mid 0, \sigma_{W^v}^2) p(w^\theta \mid 0, \sigma_{w^\theta}^2) \tag{6-22}$$

对公式(6-22)两边同时取对数求解，可得优化之后的目标函数，如公式(6-23)所示。

$$Loss = \frac{1}{2}\sum_i^N \sum_j^M I_{ij}(R_{ij} - S^* \boldsymbol{D}^{*T})_2 + \frac{\lambda_{S^*}}{2}\sum_j \left\| S_j - (1-\omega)\theta_j - \omega cnn(W^v, Y_j) \right\|_2 +$$
$$\frac{\lambda_{W_v}}{2}\sum_j \left\| W^v \right\|_2 + \sum_{j,n} \log(\sum_k \theta_{jk}\beta_{k,w_{jn}}) + \frac{\lambda_{\boldsymbol{D}^*}}{2}\sum_i \left\| \boldsymbol{D}^* - sdae(w^\theta, \boldsymbol{\chi}_i) \right\|_2 + \tag{6-23}$$
$$\frac{\lambda_{w^\theta}}{2}\sum_i \left\| w^\theta \right\|_2$$

对 *Loss* 目标函数进行求解时，采用梯度下降法对用户隐特征向量和项目隐特征向量分别进行更新，如公式（6-24）和公式（6-25）所示。

$$\boldsymbol{D}_i^* \leftarrow (S^* \boldsymbol{I}_i S^{*T} + \lambda_D \boldsymbol{I}_k)^{-1} S^* R_i + \lambda_{D^*} sdae(w^\theta, \boldsymbol{\chi}_i) \tag{6-24}$$

$$\boldsymbol{S}_j^* \leftarrow (\boldsymbol{D}^* \boldsymbol{I}_j \boldsymbol{D}^{*T} + \lambda_{S^*} \boldsymbol{I}_k)^{-1} \boldsymbol{D}^* R_j + \lambda_{S^*}((1-\omega)\theta_j)) + \omega cnn(W^v, Y_j)) \tag{6-25}$$

式中：$\boldsymbol{I}_i$、$\boldsymbol{I}_j$、$\boldsymbol{I}_k$ 为对角矩阵；$\lambda_{D^*}$ 与 $\lambda_{S^*}$ 为正则化参数。

在确定 $\boldsymbol{D}_i^*$ 和 $\boldsymbol{S}_j^*$ 之后，利用输入时用户和项目隐特征向量的误差，采用误差反向传播算法分别训练卷积神经网络 CNN 模型与栈式降噪自编码器 SDAE 的参数。

得到最后确定的用户隐特征向量 $\boldsymbol{D}_i^*$ 和项目隐特征向量 $\boldsymbol{S}_j^*$，进行计算预测评分：$\tilde{\boldsymbol{R}}_{ij}^* = \boldsymbol{D}_i^{*T} \boldsymbol{S}_j^*$。

## 6.3 实验评测及分析

### 6.3.1 实验平台

算法实现的软件与硬件环境配置见表 6-1。

表 6-1 实验软件、硬件环境配置表

| 项目 | 配置 |
| --- | --- |
| GPU | TeslaP100-PCIE-12GB |
| 操作系统 | Ubuntukylin-16.04-desktop-amd64 |
| 编程环境 | Pycharm 2018.3.1x64 |
| 开发语言 | Python 2.7 |
| 开发框架 | Keras 2.2.4 |

### 6.3.2 实验数据集

本节采用 Movielens1M、Movielens10M 和 Amazon 三个真实数据集。数据集中包括用户项目的评分，Amazon 数据集包含评论文档。Movielens 数据集中评论文档从 IMDB 数据集中获取，数据集的详细描述见表 6-2。

表 6-2 数据集的详细描述

| Datasets | Users | Items | Ratings | Density |
| --- | --- | --- | --- | --- |
| Movielens1M | 6040 | 3544 | 993482 | 4.64% |
| Movielens10M | 69878 | 10073 | 9945875 | 1.41% |
| Amazon | 29757 | 15149 | 135188 | 0.03% |

### 6.3.3 实验结果分析

为测试预测评分的准确性，本节采用 *RMSE* 值和 *MAE* 值作为 LCPMF 模型与 SLCPMF 模型的评估标准，并对实验结果进行了分析。

1. LCPMF 模型的参数设计

LCPMF 模型中影响最后评分预测结果的参数较多，本节在设计对比实验时，主要针对以下几个关键参数进行调优。

（1）在 LCPMF 模型中综合考虑了项目评论文档的主题信息与卷积神经网络获取的全局深层语义信息，利用线性函数进行组合，可以得到多层次且全面的表示项目的特征。因此，两种特征的权重参数的设置尤为重要。

（2）正则化参数的取值表明进行优化之后的项目特征所占整个损失函数的比重，对优化方案的可行性具有重要的意义。

（3）在 LDA 模型主题建模中，$K$ 的取值是一个影响 LDA 主题生成模型建模的关键参数，决定着提取主题信息的准确度，进而影响了最后推荐的准确度。

（4）LCPMF 模型是针对概率矩阵分解模型进行优化，所以项目隐特征维度也是影响模型的关键参数，同时隐特征的维度也决定了主题词的维度与卷积神经网络输出的维度，所以设置不同的维度值，观察 *RMSE* 值与 *MAE* 值的变化趋势。

（5）在卷积神经网络中，针对卷积神经网络的输入要求，项目文档最大长度的取值也是获取文档全局深层语义特征的关键参数，对于小于项目文档最大长度的文档需要进行填零补充，如若补充过多这些信息会变成干扰信息；对于溢出项目文档最大长度的文档需要进行截断，截断过多也会造成原本文档信息的丢失，所以考虑项目最大文档长度也是非常有必要的。

2. SLCPMF 模型的参数设计

由于 SLCPMF 模型优化了用户隐特征表示，因此主要对正则化参数与隐因子维度进行调优。为了能与 LCPMF 模型进行实验对比，SLCPMF 模型的其他参数设置均与 LCPMF 模型相同。

（1）用户正则化参数的取值表明优化后的用户隐特征所占整个损失函数的比重，对于使用 SDAE 模型优化用户隐特征表示具有重要意义。

（2）SLCPMF 模型是针对 LCPMF 模型中的用户隐特征表示进行优化，所以隐特征维度也是影响模型性能的关键参数，同时隐特征的维度也决定了 SDAE 模型输出的维度。因此，设置不同的维度值，观察 *RMSE* 值与 *MAE* 值的变化趋势。

3. LCPMF模型的实验结果分析

实验中对LCPMF模型的设计主要考虑以下几个主要参数对算法的影响。

（1）LDA 主题生成模型与卷积神经网络的权重$\omega$对模型的影响。参考相关文献，确定以下超参数：LDA 主题生成模型 $K$=5（主题数），$\alpha$=0.5，$\beta$=0.01；$L$=50（评论文档的隐特征维度）；正则化参数$\lambda_D$=90，$\lambda_{S^*}$=10 的情况下，权重参数$\omega$对实验评价标准 *RMSE* 值的影响如表 6-3 和图 6-8 所示。

表 6-3 权重参数 $\omega$ 对 *RMSE* 值与 *MAE* 值的影响

| 权重 | *RMSE* 值 | *MAE* 值 |
|---|---|---|
| 0.1 | 0.84303 | 0.66115 |
| 0.2 | 0.84291 | 0.66099 |
| 0.3 | 0.84271 | 0.66054 |
| 0.4 | 0.84213 | 0.66034 |
| 0.5 | 0.84155 | 0.65955 |
| 0.6 | 0.84383 | 0.66089 |
| 0.7 | 0.84391 | 0.66137 |
| 0.8 | 0.84402 | 0.66152 |
| 0.9 | 0.84490 | 0.66227 |

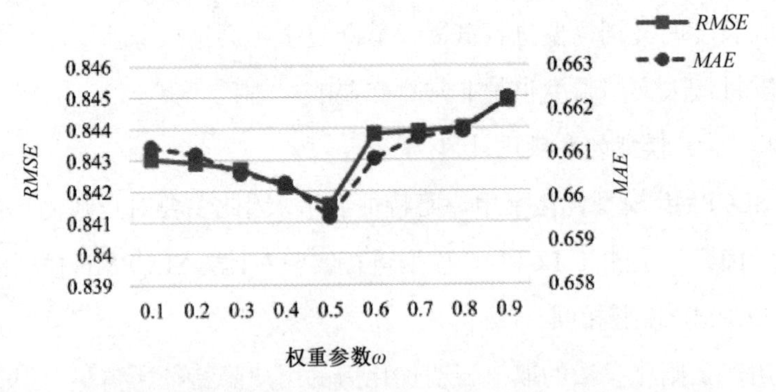


图 6-8 权重参数 $\omega$ 对 *RMSE* 值与 *MAE* 值的影响

由图 6-8 可以得出以下结论：在确定 LDA 主题生成模型的参数 $K$=5，$\alpha=0.5$，$\beta=0.01$，隐特征维度 $L$=50，正则化参数 $\lambda_D=90$，$\lambda_{S^*}=10$ 的情况下，*RMSE* 值将随着$\omega$的值先下降，当$\omega=0.5$ 时达到最小，随后再增加。*MAE* 值随着权重参

数 $\omega$ 的增加先下降后上升，项目隐特征表示中当 LDA 生成模型的主题特征与卷积神经网络 CNN 语义特征的权重相等时，即 $\omega=0.5$，*RMSE* 值与 *MAE* 值取得最小值。

通过以上实验可知：卷积神经网络 CNN 与 LDA 主题生成模型提取项目评论文本的特征表示时，具有差异性和互补性，将不同层次特征表示进行组合，可以解决项目评论文本特征提取不准确、不完备的问题，提高了推荐系统的质量。

（2）正则化参数 $\lambda_{D^*}$ 与 $\lambda_{S^*}$ 对模型的影响。通过上述实验，在 $\omega=0.5$ 的情况下，*RMSE* 值与 *MAE* 值取得最小值。因此，在同样的条件下，采用此参数调节正则化参数 $\lambda_{D^*}$ 与 $\lambda_{S^*}$，*RMSE* 值与 *MAE* 值的实验结果如表 6-4 和图 6-9 所示。

**表 6-4　参数 $\lambda_{D^*}$ 与 $\lambda_{S^*}$ 对 *RMSE* 值和 *MAE* 值的影响**

| $\lambda_{D^*}$ | 10 | 10 | 10 | 80 | 85 | 90 | 100 |
|---|---|---|---|---|---|---|---|
| $\lambda_{S^*}$ | 160 | 130 | 100 | 10 | 10 | 10 | 10 |
| *RMSE* 值 | 0.84584 | 0.84463 | 0.84455 | 0.84205 | 0.84187 | 0.84155 | 0.84267 |
| *MAE* 值 | 0.66352 | 0.66263 | 0.66206 | 0.66120 | 0.66109 | 0.65955 | 0.66146 |

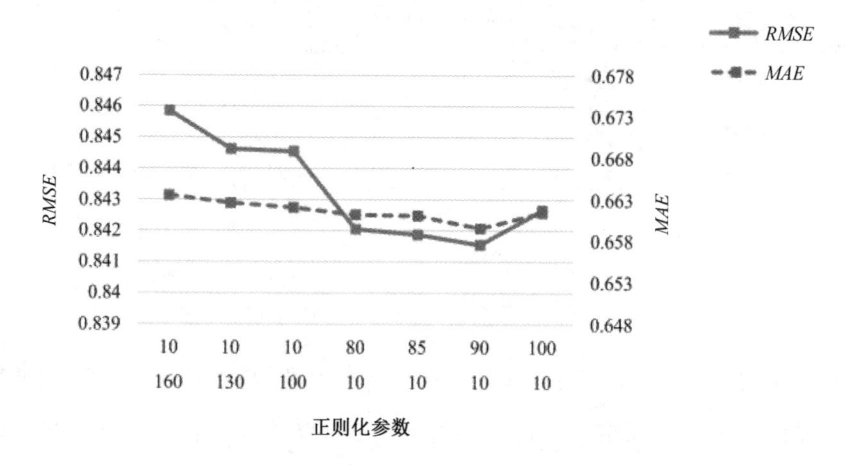


图 6-9　正则化参数对 *RMSE* 值与 *MAE* 值的影响

由图 6-10 可以看出，$\lambda_{S^*}=10$ 时，随着 $\lambda_{D^*}$ 的不断增大，*MAE* 值在不断减小；当 $\lambda_{D^*}=90$ 时，*RMSE* 值与 *MAE* 值均取得极小值。当 $\lambda_{D^*}=90$，$\lambda_{S^*}$ 不断增大时，

*RMSE* 值和 *MAE* 值都增加，说明当 $\lambda_{D^*} = 90$，$\lambda_{S^*} = 10$ 时，*RMSE* 值与 *MAE* 值均达到最小。

（3）LDA 模型的主题个数 *K* 对模型的影响。通过上述实验可知，在 $\lambda_{D^*} = 90$，$\lambda_{S^*} = 10$ 时，*RMSE* 值与 *MAE* 值达到最小。因此，在相同条件下，采用此参数再对主题个数 *K* 进行调优，*K* 分别取 0、5、10、15、20、25。

主题个数 *K* 对实验评价标准 *RMSE* 值与 *MAE* 值的影响如表 6-5 和图 6-10 所示。

表 6-5　主题个数 *K* 对 *RMSE* 值与 *MAE* 值的影响

| *K* 值 | 0 | 5 | 10 | 15 | 20 | 25 |
|---|---|---|---|---|---|---|
| *RMSE* 值 | 0.85403 | 0.84155 | 0.84314 | 0.84362 | 0.84387 | 0.84423 |
| *MAE* 值 | 0.67301 | 0.65955 | 0.66074 | 0.66099 | 0.66124 | 0.66224 |

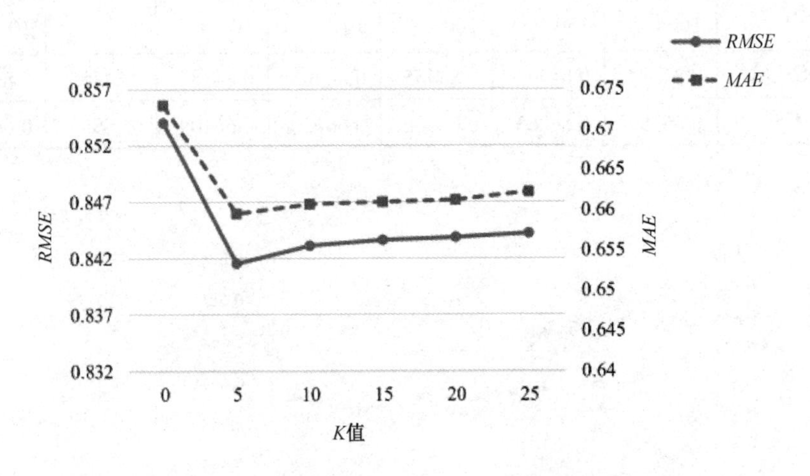


图 6-10　主题个数 *K* 对 *RMSE* 值与 *MAE* 值的影响

由图 6-10 可以看出，当 *K*=0 时，表示只利用卷积神经网络 CNN 模型提取了项目评论的全局的深层语义特征，但此时 *RMSE* 值与 *MAE* 值达到最大，效果最差。图中的曲线呈现先下降再上升的趋势，当主题个数 *K*=5 时，*RMSE* 值达到最小。

由以上两组实验可知，使用线性函数加权组合主题信息及语义信息得到新的项目评论文本特征，可以明显提高推荐的准确性。

（4）项目隐特征维度 $L$ 对模型的影响。由上述实验可知，在主题个数 $K$=5 时 *RMSE* 值与 *MAE* 值取得最小值。因此，在相同条件下，采用此参数再对项目隐特征维度 $L$ 进行调优，$L$ 分别取 25、50、75、100。

项目隐特征维度 $L$ 对实验评价标准 *RMSE* 值与 *MAE* 值的影响如表 6-6 和图 6-11 所示。

表 6-6 参数 $L$ 对 *RMSE* 值和 *MAE* 值的影响

| 维度 | 25 | 50 | 75 | 100 |
| --- | --- | --- | --- | --- |
| *RMSE* 值 | 0.84648 | 0.84155 | 0.84195 | 0.84201 |
| *MAE* 值 | 0.66438 | 0.65955 | 0.65986 | 0.66002 |

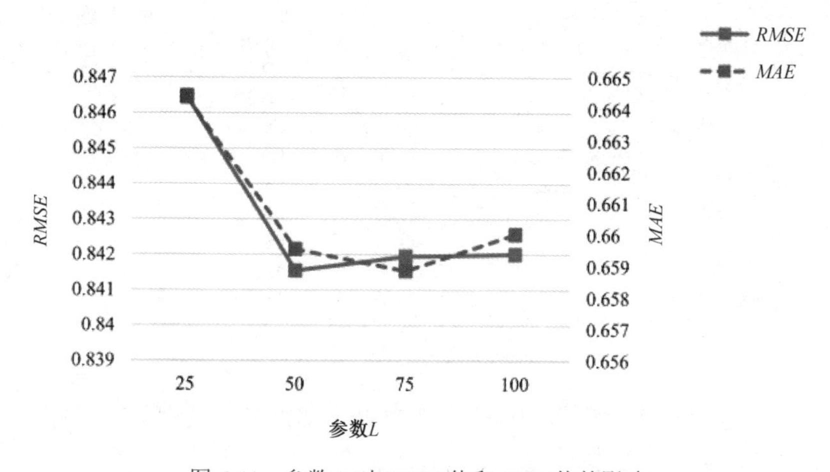


图 6-11 参数 $L$ 对 *RMSE* 值和 *MAE* 值的影响

由图 6-11 可知，当项目隐特征维度 $L$=25 时，*RMSE* 值与 *MAE* 值较大，准确度较低；当项目隐特征维度 $L$ 增加时，准确率逐渐提高，增加到 75 与 100 的时候，准确度又呈现下降的趋势，所以当项目隐特征维度 $L$=50 时，为维度最优值。由于项目隐特征维度与用户隐特征维度必须相等，才能满足 LCPMF 模型的要求，因此用户隐特征维度也为 50。

（5）项目评论文档最大长度对模型的影响。由上述实验可知，在项目隐特征维度 $L$=50 的情况下，*RMSE* 值与 *MAE* 值取得最小值。因此，在相同条件下，采用此参数值进行实验，本节实验 max-*length* 值分别取 50、100、200、300、350。

项目文档最大长度 max-*length* 值对实验评价标准 *RMSE* 值与 *MAE* 值的影响如表 6-7 和图 6-12 所示。

表 6-7　参数 max-*length* 对 *RMSE* 值和 *MAE* 值的影响

| max-*length* 值 | *RMSE* 值 | *MAE* 值 |
|---|---|---|
| 50 | 0.84336 | 0.66059 |
| 100 | 0.84221 | 0.66005 |
| 200 | 0.84208 | 0.65988 |
| 300 | 0.84155 | 0.65955 |
| 350 | 0.84263 | 0.66054 |

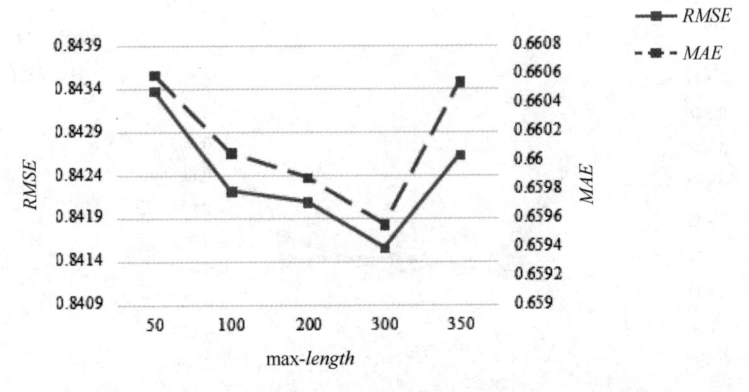


图 6-12　参数 max-*length* 对 *RMSE* 值与 *MAE* 值的影响

由图 6-12 可知，当项目评论文档最大长度 max-*length* 较小时，*RMSE* 值与 *MAE* 值较大，准确度较低；当 max-*length* 逐渐增大时，*RMSE* 值与 *MAE* 值在逐渐减小；当 max-*length* 达到 350 时，*RMSE* 值与 *MAE* 值反而又开始增大，说明当项目评论文档长度 max-*length*=300 时，*RMSE* 值与 *MAE* 值达到最优。

（6）LCPMF 模型性能验证。为了验证 LCPMF 模型的性能，分别与 PMF 模型、CDL 模型和 ConvMF 模型在 Movielens1M、Movielens10M 和 Amazon 三种不同数据集上进行了实验结果的比对，见表 6-8 和表 6-9。

表 6-8 模型在不同数据集下 *RMSE* 值的比对

| 模型 | Movielens1M | Movielens10M | Amazon |
| --- | --- | --- | --- |
| PMF | 0.89553 | 0.83595 | 1.40112 |
| CDL | 0.88692 | 0.81149 | 1.35533 |
| ConvMF | 0.85403 | 0.80526 | 1.19499 |
| LCPMF | 0.84155 | 0.79120 | 1.15305 |

表 6-9 模型在不同数据集下 *MAE* 值比对

| 模型 | Movielens1M | Movielens10M | Amazon |
| --- | --- | --- | --- |
| PMF | 0.69704 | 0.64324 | 1.13537 |
| CDL | 0.68725 | 0.62971 | 1.05058 |
| ConvMF | 0.67301 | 0.61752 | 0.91145 |
| LCPMF | 0.65955 | 0.60679 | 0.86704 |

由表 6-8 和表 6-9 可以看出，与经典的 PMF 模型、CDL 模型和 ConvMF 模型相比，LCPMF 模型在不同数据集中，无论是 *RMSE* 值还是 *MAE* 值都有较大的改进。融合 LDA 主题生成模型和 CNN 模型的方法可以更准确地获得用户评论的特征表示，进一步提高推荐算法的准确性。这说明融合 LDA 主题生成模型与 CNN 模型且基于概率矩阵分解的 LCPMF 推荐模型是可行的。

4. SLCPMF 模型实验结果分析

为了对 SLCPMF 模型进行实验结果分析，该模型所使用的数据集、数据集处理方式、实验环境与评价标准和 LCPMF 模型的相同。根据实验设计，主要考虑以下参数对 SLCPMF 模型的影响。

（1）正则化参数 $\lambda_{D^*}$ 与 $\lambda_{S^*}$ 对 SLCPMF 模型的影响。由表 6-10 和图 6-13 可知，当 $\lambda_{S^*}=10$ 时，随着 $\lambda_{D^*}$ 的不断增大，*RMSE* 值和 *MAE* 值在不断减小；当 $\lambda_{D^*}=85$ 时，*RMSE* 值与 *MAE* 值取得极小值；当 $\lambda_{D^*}=85$，$\lambda_{S^*}$ 不断增大时，*RMSE* 值和 *MAE* 值反而增大了，说明当 $\lambda_{D^*}=85$，$\lambda_{S^*}=10$ 时，*RMSE* 值和 *MAE* 值达到最小。

（2）用户隐特征维度 *L* 对模型的影响。由上述实验可知，当正则化参数 $\lambda_{D^*}=85$，$\lambda_{S^*}=10$ 时，*RMSE* 值与 *MAE* 值取得最小值。因此，在相同条件下，采用此参数进行用户隐特征维度 $L$ 的实验，用户隐特征维度 $L$ 分别采用 25、50、75、100。

表 6-10　参数 $\lambda_{D^*}$ 与参数 $\lambda_{S^*}$ 对 *RMSE* 值的影响

| $\lambda_{D^*}$ | 10 | 10 | 10 | 80 | 85 | 90 | 100 |
|---|---|---|---|---|---|---|---|
| $\lambda_{S^*}$ | 160 | 130 | 100 | 10 | 10 | 10 | 10 |
| *RMSE* 值 | 0.85576 | 0.84651 | 0.84160 | 0.83893 | 0.83677 | 0.83852 | 0.84088 |
| *MAE* 值 | 0.67436 | 0.66655 | 0.66196 | 0.65790 | 0.65623 | 0.65716 | 0.66061 |

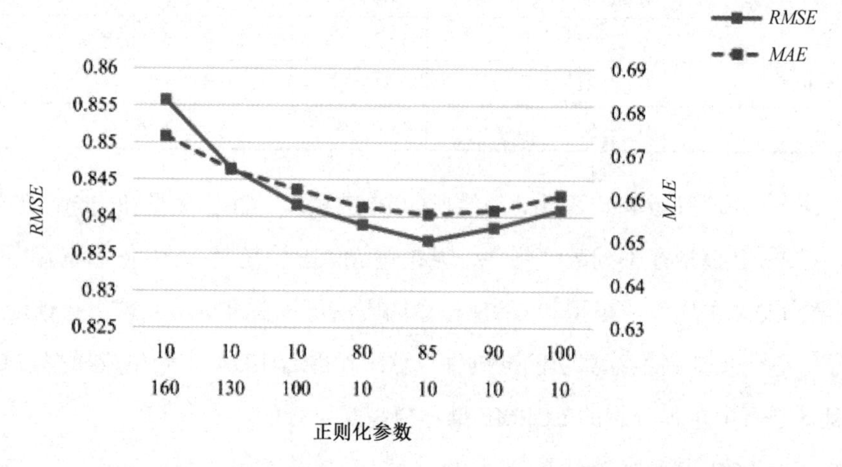


图 6-13　正则化参数 $\lambda_{D^*}$ 与 $\lambda_{S^*}$ 对 *RMSE* 值与 *MAE* 值的影响

用户隐特征维度 $L$ 对实验评价标准 *RMSE* 与 *MAE* 值的影响如表 6-11 和图 6-14 所示。

表 6-11　用户隐特征维度 $L$ 对 *RMSE* 值和 *MAE* 值的影响

| *RMSE* 值 | 0.84212 | 0.83677 | 0.83923 | 0.84032 |
|---|---|---|---|---|
| *MAE* 值 | 0.66098 | 0.65623 | 0.65940 | 0.65984 |

由图 6-14 可以看出，曲线呈现先下降后上升的趋势，当用户隐特征维度 $L$=25 时，*RMSE* 值与 *MAE* 值较大，准确度较低；当用户隐特征维度 $L$=50 时，两者取到最小值；当用户隐特征维度 $L$ 为 75 与 100 时，*RMSE* 值与 *MAE* 值又呈现出上

升的趋势。用户隐特征维度 $L$=50 与 LCPMF 模型的项目隐特征维度的取值一致，表明使用栈式降噪自编码器优化用户隐特征具有可行性。

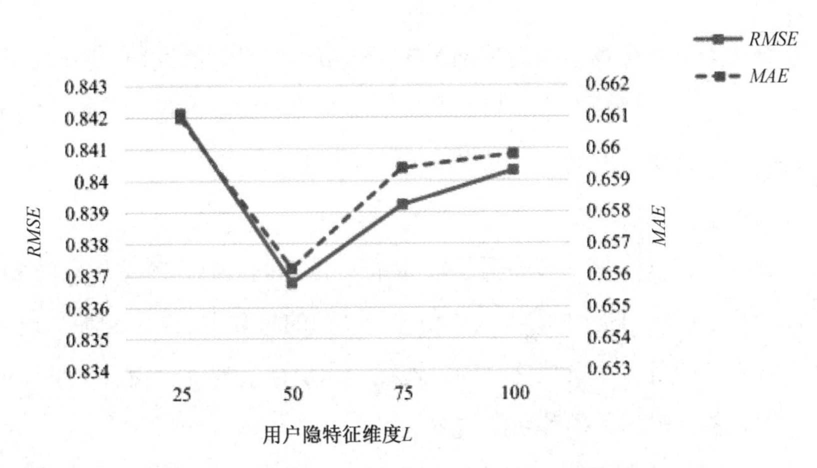


图 6-14　维度 $L$ 对 *RMSE* 值和 *MAE* 值的影响

（3）SLCPMF 模型性能验证。为了验证 SLCPMF 模型性能，分别在 Movielens1M、Movielens10M 和 Amazon 三种数据集上，使用 *RMSE* 值和 *MAE* 值评测两个模型的性能，结果见表 6-12 和表 6-13。

表 6-12　模型在不同数据集下的 *RMSE* 值的比对

| 模型 | Movielens1M | Movielens10M | Amazon |
|---|---|---|---|
| LCPMF | 0.65955 | 0.60679 | 0.86704 |
| SLCPMF | 0.83812 | 0.78620 | 1.11531 |

表 6-13　模型在不同数据集下 *MAE* 值的比对

| 模型 | Movielens1M | Movielens10M | Amazon |
|---|---|---|---|
| LCPMF | 0.65955 | 0.60679 | 0.86704 |
| SLCPMF | 0.65756 | 0.60272 | 0.82506 |

由表 6-12 和表 6-13 可以看出，SLCPMF 模型与 LCPMF 模型相比，在不同数据集上无论是 *RMSE* 值还是 *MAE* 值都有较大的改进。这说明 SLCPMF 模型是有效的，使用栈式降噪自动编码器优化用户特征可进一步提高推荐算法的质量。

## 6.4 小结

推荐算法为整个推荐系统的关键所在。随着深度学习的发展，将辅助信息与评分数据相结合，采用融合多源数据基于深度学习的方法进行推荐算法的优化，已成为目前推荐系统领域的研究热点。

本章的主要研究内容如下：

（1）针对从项目评论信息提取项目特征不准确的问题，本章建立的 LCPMF 推荐模型，使用 LDA 主题生成模型捕获评论文档的离散主题特征之后，再采用卷积神经网络提取项目评论文档的全局、连续的深层语义特征，使得项目评论文档的特征更加完备，提高了推荐系统的质量。

（2）针对用户隐特征表示不准确的问题，本章又在 LCPMF 推荐模型基础上使用栈式降噪自动编码器 SDAE 对用户评分矩阵建模，提取用户的隐特征表示，建立了新推荐模型 SLCPMF，进一步提高了推荐系统的质量。

（3）在公开数据集 Movielens1M、Movielens10M 和 Amazon 上，通过实验证明，本章提出的推荐模型 LCPMF 以及 SLCPMF 与经典的 PMF 模型、CDL 模型、ConvMF 模型在推荐系统的关键性能指标 *MAE* 值、*RMSE* 值上均显著改进。

# 参考文献

[1] GEDIKLI F, JANNACH D. Recommender Systems, Semantic-Based[M]. NewYork: Springer, 2017: 1-11.

[2] NUNES M A S N, HU R. Personality-based recommender systems: an overview[C]. RecSys'12 Proceedings of the sixth ACM conference on Recommender systems, 2012.9 5-6.

[3] 李辉，刘新跃．用户聚类和多最小支持度关联规则的推荐系统[J]．北京化工大学学报（自然科学版），2012，39（6）：111-116．

[4] 王大玲，于戈，鲍玉斌．一种具有最大推荐非空率的关联规则挖掘方法[J]．软件学报，2004，15（8）：1182-1188．

[5] 阎莺，王大玲，于戈．支持个性化推荐的 Web 页面关联规则挖掘算法[J]．计算机工程，2005，31（1）：79-81．

[6] 冯珺，孙济庆．基于前项不定长关联规则个性化推荐算法的研究[[J]．计算机工程与应用，2006，42（7）：174-177．

[7] 刘晨晨，蒋国银．基于DMA的时间序列模式下顾客行为的个性化推荐[J]．计算机应用，2007，27（11）：2863-2865．

[8] 易芝，汪琳琳，王练．基于关联规则相关性分析的 Web 个性化推荐研究[J]．重庆邮电大学学报（自然科学版），2007，19（2）：234-237．

[9] 王涛伟，任一波．基于加权关联规则的个性化推荐研究[J]．计算机应用软件，2008，25（8）：242-244．

[10] 唐灿，唐亮贵，刘波．一个面向新兴趣点发现的模糊兴趣挖掘算法[J]．计算机科学，2007，34（6）：204-206．

[11] WANG F H, SHAO H M. Effective personalized recommendation based on

time-framed navigation clustering and association mining [J]. Expert Systems with Applications, 2004, 27(3): 365-377.

[12] LIU D R, YA Y S. Hybrid approaches to product recommendation based on customer lifetime value and purchase preferences[J]. Journal of Systems and Software, 2005, 77(2): 181-191.

[13] LAZCORRETA E, BOTELLA F, FERNÁNDEZ-CABALLERO A.Towards personalized recommendation by two-step modified Apriori data mining algorithm[J]. Expert Systems with Applications, 2008, 35(3): 1422-1429.

[14] FORSATI R, MEYBODI M R. Effective page recommendation algorithms based on distributed learning automata and weighted association rules[J]. Expert Systems with Applications, 2010, 37(2): 1316-1330.

[15] BALABANOVIC M, SHOHAM Y. Fab: content-based, collaborative recommendation[J]. Communications of the ACM, 1997, 40(3): 66-72.

[16] 杨武，唐瑞，卢玲．基于内容的推荐与协同过滤融合的新闻推荐方法[J]．计算机应用，2016，36（2）：414-418.

[17] 曹孟毅，黄穗，王会进，等．基于内容相似度的运动路线推荐[J]．计算机工程与应用，2016，52（9）：33-38.

[18] MOHAMMED N U, JENU S, GEUN-SIK J. Enhanced content-based filtering using diverse collaborative prediction for movie recommendation[C]. Proceedings 2009 1st Asian Conference on Intelligent Information and Database Systems, 2009: 132-137.

[19] LOPS P, GEMMIS M D, SEMERARO G, et al.Content-based and collaborative techniques for tag recommendation: An empirical evaluation[J]. Journal of Intelligent Information Systems, 2013, 40(1): 41-61.

[20] 陈彦聪．支持向量机在个性化推荐中的应用[D]．成都：电子科技大学，2013.

[21] 彭飞，邓浩江，刘磊．加入用户评分偏置的推荐系统排名模型[J]．西安交

通大学学报，2012，46（6）：74-86．

[22] ROBERTSON S. Threshold setting and performance optimization in adaptive filtering[J]. Information Retrieval, 2002, 5(3): 239-256.

[23] ZHANG Y, CALLAN J.Maximum Likelihood estimation for filtering thresholds[C]. SIGIR Forum (ACM Special Interest Group on Information Retrieval), 2001: 294-302.

[24] CHUMKI B, HAYM H, WILLIAM C.Recommendation as classification: Using social and content-based information in recommendation[C].Proceedings of the National Conference on Artificial Intelligence, 1988: 714-720.

[25] CAMPOS L M D, FERNÁNDEZ-LUNA J M, HUETE J F, et al. Combining content-based and collaborative recommendations: A hybrid approach based on Bayesian networks[J]. International Journal of Approximate Reasoning, 2010, 51(7): 785-799.

[26] BOBADILLA J, HERNANDO A. A framework for collaborative filtering recommender systems[J]. Expert Systems with Applications, 2011, 38(12): 14609-14623.

[27] GONG S J, YE H W, TAN H S. Combining memory-based and model-based collaborative filtering in recommender system[C]. Proceedings of the 2009 Pacific-Asia Conference on Circuits, Communications and System, 2009: 690-693.

[28] HANNON J, BENNETT M, SMYTH B. Recommending twitter users to follow using content and collaborative filtering approaches[C]. Proceedings of the fourth ACM conference on Recommender systems. ACM, 2010: 199-206.

[29] BOBADILLA J, ORTEGA F, HERNANDO A, et al. A collaborative filtering approach to mitigate the new user cold start problem[J]. Knowledge-Based Systems, 2012, 26(2): 225-238.

[30] 于洪，李俊华．一种解决新项目冷启动问题的推荐算法[J]．软件学报，

2015，26（6）：1395-1408.

[31] 冷亚军．协同过滤技术及其在推荐系统中的应用研究[D]．合肥：合肥工业大学，2013.

[32] 孙小华，陈洪，孔繁胜．在协同过滤中结合奇异值分解与最近邻方法[J]．计算机应用研究，2006，23（9）：206-208.

[33] JEONG B, LEE J, CHO H.An iterative semi-explicit rating method for building collaborative recommender systems[J]. Expert Systems with Applications, 2009, 36(3): 6181-6186.

[34] CLAYPOOL M, GOLDAALE A, MIRANDA T. Combining content-based and collaborative filters in an online newspaper[C].Proceedings of the ACM SIGIR'99 Workshop Recommender Systems: Algorithms and Evaluation, 1999.

[35] 张锋，常会友．使用BP神经网络缓解协同过滤推荐算法的稀疏性问题[J]．计算机研究与发展，2006，43（4）：667-672.

[36] 高澄，齐红，刘杰，等．结合似然关系模型和用户等级的协同过滤推荐算法[J]．计算机研究与发展，2008，45（9）：1463-1469.

[37] 李改，李磊．基于矩阵分解的协同过滤算法[J]．计算机工程与应用，2011，47（30）：4-6.

[38] KIM K J, AHN H. Collaborative Filtering with a User-Item Matrix Reduction Technique[J]. International Journal of Electronic Commerce, 2011, 16(1): 1086-4415.

[39] AGGARWAL C C, WOLF J L, WU K L, et al. A new graph-theoretic approach to collaborative filtering[C]. Proceedings of the 5th ACM SIGKDD International Conference on Knowledge Discovery and Data Mining, 1999: 201-212.

[40] ZAN H, ZENG D, CHEN H. A comparison of collaborative-filtering algorithms for ecommerce[J]. IEEE Intelligent Systems, 2007, 22(5): 68-78.

[41] PAPAGELIS M, PLEXOUSAKIS D.Qualitative analysis of user-based and item-based prediction algorithms for recommendation agents[J]. Lecture Notes

in Computer Science, 2004, 3191: 152-166.

[42] 周军锋，汤显，郭景峰．一种优化的协同过滤推荐算法[J]．计算机研究与发展，2004，41（10）：1842-1847.

[43] 夏培勇．个性化推荐技术中的协同过滤算法研究[D]．青岛：中国海洋大学，2011.

[44] LE H S. Dealing with the new user cold-start problem in recommender systems: A comparative review[J]. Information Systems, 2016, 58(5): 87-104.

[45] BARJASTEH I, FORSATI R, ROSS D, et al. Cold-Start Recommendation with Provable Guarantees: A Decoupled Approach[J]. IEEE Transactions on Knowledge & Data Engineering, 2016, 28(6): 1462-1474.

[46] BALABANOVIĆ M, SHOHAM Y. Fab: content-based, collaborative recommendation[J]. Communications of the Acm, 1997, 40(3): 66-72.

[47] SOBHANAM H, MARIAPPAN A K. A Hybrid Approach to Solve Cold Start Problem in Recommender Systems using Association Rules and Clustering Technique[J]. International Journal of Computer Applications, 2014, 74(4): 17-23.

[48] KUZNETSOV S, KORDÍK P, ŘEHOŘEK T, et al. Reducing cold start problems in educational recommender systems[C]// International Joint Conference on Neural Networks. IEEE, 2016: 3143-3149.

[49] RESHMA R, AMBIKESH G, THILAGAM P S. Alleviating data sparsity and cold start in recommender systems using social behaviour[C]// International Conference on Recent Trends in Information Technology. IEEE, 2016.

[50] 郭弘毅，刘功申，苏波，等．融合社区结构和兴趣聚类的协同过滤推荐算法[J]．计算机研究与发展，2016，53（8）：1664-1672.

[51] ZHANG J, LIN Y, LIN M, et al. An effective collaborative filtering algorithm based on user preference clustering[J]. Applied Intelligence, 2016, 45(2): 1-11.

[52] 张亮，赵娜．改进的协同过滤推荐算法[J]．计算机系统应用，2016，25（7）：147-150.

[53] GOLDBERG K, ROEDER T, GUPTA D, et al. Eigentaste: a constant time collaborative filtering algorithm [J]. Information Retrieval, 2001, 4(2): 133-151.

[54] KUMAR A, SHARMA A. Alleviating Sparsity and Scalability Issues in Collaborative Filtering Based Recommender Systems[M]. Proceedings of the International Conference on Frontiers of Intelligent Computing: Theory and Applications (FICTA). Springer Berlin Heidelberg, 2013: 103-112.

[55] ACILAR A M, ARSLAN A. A collaborative filtering method based on artificial immune network[J]. Expert Systems with Applications, 2009, 36(4): 8324-8332.

[56] 邓爱林，左子叶，朱扬勇．基于项目聚类的协同过滤推荐算法[J]．小型微型计算机系统，2004，25（9）：1665-1670.

[57] 郁雪，李敏强．基于 PCA-SOM 的混合协同过滤模型[J]．系统工程理论与实际，2010，30（10）：1850-1854.

[58] 孙天昊，黎安能，李明，等．基于 Hadoop 分布式改进聚类协同过滤推荐算法研究[J]．计算机工程与应用，2014.

[59] 王晟，赵壁芳．云计算中 MapReduce 技术研究[J]．通信技术，2011，44（12）：159-161.

[60] 王瑞琴，蒋云良，李一啸，等．一种基于多元社交信任的协同过滤推荐算法[J]．计算机研究与发展，2016，53（06）：1389-1399.

[61] 陈婷，朱青，周梦溪，等．社交网络环境下基于信任的推荐算法[J]．软件学报，2017，28（03）：721-731.

[62] COLES M, KIOUSSIS D, VEIGA H. Reputation Measurement and Malicious Feedback Rating Prevention in Web Service Recommendation Systems[J]. IEEE Transactions on Services Computing, 2015, 8(5): 755-767.

[63] 王茜，王锦华．结合信任机制和用户偏好的协同过滤推荐算法[J]．计算机工程与应用，2015，51（10）：261-265.

[64] LIU G, QI C, YANG Q, et al. OpinionWalk: An Efficient Solution to Massive Trust Assessment in Online Social Networks[C]. IEEE International Conference

on Computer Communications, 2017, 5.

[65] DENG S, HUANG L, XU G. Social network-based service recommendation with trust enhancement[J]. Expert Systems with Applications, 2014, 41(18): 8075-8084.

[66] CAPDEVILA J, ARIAS M, ARRATIA A. GeoSRS : A hybrid social recommender system for geolocated data[J]. Information Systems, 2016, 57: 111-128.

[67] CHEN S, WANG G, JIA W. Cluster-group based trusted computing for mobile social networks using implicit social behavioral graph[J]. Future Generation Computer Systems, 2016, 55: 391-400.

[68] WONG F, LIU Z, CHIANG M. On the Efficiency of Social Recommender Networks[J]. IEEE/ACM Transactions on Networking, 2016, 24(4): 2512-2524.

[69] 叶卫根，宋威．融合信任用户间接影响的个性化推荐算法[J]．计算机工程与科学，2016，38（12）：2579-2586．

[70] GUO G, ZHANG J, YORKE-SMITH N. Leveraging multiviews of trust and similarity to enhance clustering-based recommender systems[J]. Knowledge-Based Systems, 2015, 74(1): 14-27.

[71] GUO G, ZHANG J, YORKE-SMITH N. TrustSVD: collaborative filtering with both the explicit and implicit influence of user trust and of item ratings[C]. Twenty-Ninth AAAI Conference on Artificial Intelligence. AAAI Press, 2015: 123-129.

[72] MORADI P, AHMADIAN S. A reliability-based recommendation method to improve trust-aware recommender systems[J]. Expert Systems with Applications, 2015, 42(21): 7386-7398.

[73] GURINI D F, GASPARETTI F, MICARELLI A, et al. Temporal people-to-people recommendation on social networks with sentiment-based matrix factorization[J]. Future Generation Computer Systems, 2017: 1-10.

[74] 王升升，赵海燕，陈庆奎，等. 基于社交标签和社交信任的概率矩阵分解推荐算法[J]. 小型微型计算机系统，2016，37（5）：921-926.

[75] WANG M, MA J. A novel recommendation approach based on users' weighted trust relations and the rating similarities[J]. Soft Computing, 2015, 20(10): 1-10.

[76] YANG C, SUN M, ZHAO W X, et al. A Neural Network Approach to Joint Modeling Social Networks and Mobile Trajectories[J]. ACM Transactions on Information System, 2016, 35(4): 36.

[77] DENG S, HUANG L, XU G, et al. On Deep Learning for Trust-Aware Recommendations in Social Networks[J]. IEEE Transactions on Neural Networks & Learning Systems, 2017, 28(5): 1164-1177.

[78] LIU Q, WU S, WANG L, et al. Predicting the Next Location: A Recurrent Model with Spatial and Temporal Contexts[C]// Thirtieth AAAI Conference on Artificial Intelligence. 2016.

[79] ZHU B, YANG C, YU C, et al. Product Image Recognition Based on Deep Learning[J]. Journal of Computer-Aided Design and Computer Graphics, 2018, 30(09): 1778-1784.

[80] LIU X. English Translation Model Design Based on Neural Network[C]// International Conference on Applications and Techniques in Cyber Security and Intelligence. Springer: Cham, 2019: 241- 247.

[81] ZHANG Z, GEIGER J, POHJALAINEN J, et al. Deep learning for environmentally robust speech recognition: An overview of recent developments[J]. ACM Transactions on Intelligent Systems and Technology (TIST), 2018, 9(05): 1-28.

[82] BANSAL T, BELANGER D, MCCALLUM A. Ask the GRU: Multi-task Learning for Deep Text Recommendations[C]// Proceedings of the10th ACM Conference on Recommender Systems. NewYork: ACM, 2016: 107-114.

[83] SINGHAL A, SINHA P, PANT R. Use of Deep Learning in Modern Recommendation System: A Summary of Recent Works[J]. International Journal

of Computer Applications, 2017, 180(07): 17- 22.

[84] OKURA S, TAGAMI Y, ONO S, et al. Embedding-based News Recommendation for Millions of Users[C]// Proceedings of the 23rd ACM SIGKDD International Conference on Knowledge Discoveryand Data Mining. NS: ACM, 2017: 1933-1942.

[85] SALAKHUTDINOV R, MNIH A, HINTON G. Restricted Boltzmann machines for collaborative filtering[C]// Proceedings of the 24th international conference on Machine learning. New York: ACM, 2007: 791-798.

[86] SEDHAIN S, MENON A K, SANNER S, et al. Autorec: Autoencoders meet collaborative filtering[C]// Proceedings of the 24th International Conference on World Wide Web, New York: ACM, 2015: 111-112.

[87] WANG X, WANG Y. Improving content-based and hybrid music recommendation using deep learning[C]// Proceedings of the 22nd ACM international conference on Multimedia, New York: ACM, 2014: 627-636.

[88] ELKAHKY A M, SONG Y, HE X. A multi-view deep learning approach for cross domain user modeling in recommendation systems[C]// Proceedings of the 24th International Conference on World Wide Web. New York: ACM, 2015: 278-288.

[89] ZHANG F, YUAN N J, LIAN D, et al. Collaborative Knowledge Base Embedding for Recommender Systems[C]// Proceedings of the ACM SIGKDD International Conference. New York: ACM, 2016: 353-362.

[90] DONG X, YU L, WU Z, et al. A Hybrid Collaborative Filtering Model with Deep Structure for Recommender Systems[C]// Proceedings of the Thirty-First AAAI Conference on Artificial Intelligence. San Francisco: AAAI-17, 2017: 1309-1315.

[91] KIM D, PARK C, OH J, et al. Convolutional matrix factorization for document context-aware recommendation[C]// Proceedings of the10th ACM Conference on Recommender Systems. New York: ACM, 2016: 233-240.

[92] ZHANG W, LIU F, JIANG L, et al. Recommendation Based on Collaborative Filtering by Convolution Deep Learning Model Based on Label Weight Nearest Neighbor[C]// Proceedings of the 10th International Symposium on Computational Intelligence and Design (ISCID). NJ: IEEE, 2017: 504-507.

[93] 张敏，丁弼原，马为之，等．基于深度学习加强的混合推荐方法[J]．清华大学学报（自然科学版），2017，57（10）：1014-1021．

[94] GUAN Y, WEI Q, CHEN G Q. Deep learning based personalized recommendation with multi-view information integration[J]. Decision Support Systems, 2019, 118(03): 58-69.

[95] 马小栓．矩阵分解在推荐系统中的研究与应用[D]．成都：电子科技大学，2017.

[96] GENG X, ZHANG H, BIAN J, et al. Learning Image and User Features for Recommendation in Social Networks[C]// IEEE International Conference on Computer Vision. IEEE, 2015: 4274-4282.

[97] 郭思慧，张振兴．情景感知的物联网服务推荐方法研究[J]．计算机应用研究，2018，37（3）：717-720．

[98] The Apache Software Foundation. HDFS Architecture, 2009. https://hadoop.apache.org/docs/current/hadoop-project-dist/hadoop-hdfs/HdfsDesign.html.

[99] 董西成．Hadoop 技术内幕[M]．北京：机械工业出版社，2013．

[100] LI W J. Summary of K-means Algorithm for Clustering[J]. Modern Computer, 2014, 69(6):479-484.

[101] HAN J W, KAMBER M．数据挖掘：概念与技术[M]．范明，孟小峰，译．2 版．北京：机械工业出版社，2007：251-266．

[102] 袁梅宇．数据挖掘与机器学习—WEKA 应用技术与实践．北京：清华大学出版社，2014：94-97．

[103] 于春深．基于 Map-Reduce 并行聚类算法的研究[D]．西安：西安电子科技大学，2012．

[104] 陈志敏，李志强．基于用户特征和项目属性的协同过滤推荐算法[J]．计算机应用，2011，31（7）：1748-1750，1755.

[105] 马永杰，云文霞．遗传算法研究进展[J]．计算机应用研究，2012，29（4）：1201-1206.

[106] KAUFMAN L, ROUSSEEUW P J. Fuzzy Analysis (Program FANNY)[M]// Finding Groups in Data: An Introduction to Cluster Analysis, 2008: 164-198.

[107] SRINIVAS M，PATNAILK L M. Adaptive probabilities of crossover and mutation in genetic algorithms[J]. IEEE Transaction on System，Man and Cybernetics, 1994, 24(4): 656-667.

[108] 任子武，伞冶．自适应遗传算法的改进及在系统辨识中应用研究[J]．系统仿真学报，2006，18（1）：41-66.

[109] 杨善林，李永森，胡笑旋，等．K-means 算法中的 k 值优化问题研究[J]．系统工程理论与实践，2006，26（2）：97-101.

[110] 代明，钟才明，庞永明，等．基于数据集属性相似性的聚类算法推荐[J]．南京大学学报（自然科学），2016，52（5）：908-917.

[111] 卓勇霖．推荐系统中近邻算法与矩阵分解算法效果的比较——基于Movielens 数据集[D]．天津：南开大学，2012.

[112] SOBHANAM H, MARIAPPAN A K. A Hybrid Approach to Solve Cold Start Problem in Recommender Systems using Association Rules and Clustering Technique[J]. International Journal of Computer Applications, 2013, 74(4): 17-23.

[113] 田保军，胡培培，杜晓娟，等．Hadoop 下基于聚类协同过滤推荐算法优化的研究[J]．计算机工程与科学，2016，38（8）：1615-1624.

[114] LING Y, GUO D, FEI C, et al. User-based Clustering with Top-N Recommendation on Cold-Start Problem[C]. Third International Conference on Intelligent System Design and Engineering Applications. 2013: 1585-1589.

[115] GOLBECK J. Computing and Applying Trust in Web-based Social Networks[D].

Park: University of Maryland, 2005.

[116] ABDUL-RAHMAN A, HAILES S. A distributed trust model. Proceedings of the 1997 New Security Paradigms Workshop. Cumbria, UK: ACM Press, 1998: 48-60.

[117] MASSA P, AVESANI P. Trust-aware recommender systems[C]. Proceedings of the 2007 ACM conference on Recommender systems. ACM, 2007: 17-24.

[118] UZZI B, SPIRO J. Collaboration and Creativity: The Small World Problem[J]. American Journal of Sociology, 2005, 111(2): 447-504.

[119] KANNAN M S, MAHALAKSHMI G S, SMITHA E S, et al. A Word Embedding Model for Topic Recommendation[C]// 2018 Second International Conference on Inventive Communication and Computational Technologies (ICICCT), IEEE, 2018: 826-830.

[120] 程磊，高茂庭．结合时间加权和LDA聚类的混合推荐算法[J]．计算机工程与应用，2019，55（11）：160-166.

[121] AL-SAFFAR M, HAI T, TALAB M A.Review of deep convolution neural network in image classification[C]// International Conference on Radar. Jakarta: IEEE 2018: 26-31.

[122] ZHANG M, DING B, MA W,et al. Hybrid recommendation approach enhanced by deep learning[J]. Journal of Tsinghua University, 2017, 57(10): 1014-1021.

[123] VINCENT P, LAROCHELLE H, LAJOIE I, et al. Stacked denoising autoencoders: Learning useful representations in a deep network with a local denoising criterion[J]. Journal of Machine Learning Research, 2010, 11(10): 3371-3408.